자연주부
채식약선
식탁

자연주부
채식약선
식탁

초판 인쇄 | 2024년 7월 25일
초판 발행 | 2024년 8월 1일

지은이 | 강주연
펴낸이 | 김헌준
편집 | 이숙영
디자인 | 나비 010.8976.8065
펴낸곳 | 소금나무
주소. 서울 양천구 목동로 173 우양빌딩 3층 (주)시간팩토리
전화. 02)720.9696
팩스. 070)7756.2000
이메일. siganfactory@naver.com
출판등록 | 제2019-000055호(2019.09.25)

ISBN 979-11-983831-5-0(13590)

소금나무 는 (주)시간팩토리의 출판브랜드입니다.

자연주부
채식약선
식탁

소금나무

추천사

몇 년 전부터 비건, 치유, K-푸드, 먹는 방송(먹방) 등이 영상과 매스컴을 도배하고 있습니다. 아마도 지구온난화와 코로나를 겪으며 건강에 관한 관심이 더욱 높아진 탓이 아닐까 합니다. 또한 1인 가구증가와 노인인구가 증가하면서 더욱더 이런 현상이 가속화된 것 같습니다. 그러나 채식요리와 음식 철학을 연구한 지 30년이 다 되어가는 제가 보기에 지금의 먹방 문화는 아쉬움이 생깁니다. 왜냐하면 엄마의 손맛, 전통 발효양념의 소중함, 건강한 조리법, 식재료의 중요성 등 우리 한국만의 전통 음식문화를 많이 잃어버리는 것 같기 때문입니다. 그리고 이런 우려가 현실로 나타나 지금 주변을 보면 3명 중 1명이 암, 심혈관계질환, 고혈압, 당뇨로 고통받고 있으며 어른뿐만 아니라 아이들도 아토피, 소아당뇨, 성조숙증, 집중력저하, 분노조절장애 등이 심해져 사회적 문제로 대두되고 있습니다. 세 딸을 키우는 아빠로서 또 음식 연구가로서 안타까운 마음이 간절하여 음식조절 즉 식치로써 조금은 도움이 되지 않을까 하는 마음으로 음식철학과 채식요리를 결합한 한국채식약선아카데미를 설립하고 교육을 해오고 있습니다.

이곳에서 '자연주부'라는 닉네임을 가진 강주연 님과 배움을 같이하며 수년이 지나게 되었습니다. 강주연 님은 치유 음식을 연구하고 건강한 식문화를 전파하는데 뜻이 있어 오랜 기간 한국채식약선협회의 대표 강사로 활발히 강의하셨습니다. 그 노력과 열정을 잘 알기에 이번에 계절을 주제로 책을 내신다고 하니 반가운 마음이 들었습니다.

계절에 맞추어 먹는 것이야말로 우리의 몸과 마음을 건강하게 해줄 핵심 중 하나라 생각합니다. 자연이 계절의 흐름에 맞추어 스스로 싹을 틔우고 꽃을 피우며 열매 맺고 마지막은 씨앗으로 순환하듯 사람도 자연의 일부분이므로 자연의 흐름에 순응하고 지역의 음식을 먹어야 건강해지는 것입니다. 계절에 따른 제철 식재료, 발효 양념과 건강한 조리법을 바탕으로 우리의 몸과 마음을 건강하게 만드는 강주연 님의 정성이 담긴 요리법이 보석처럼 책에 가득합니다.

우리의 몸과 마음은 어린 시절 먹는 것, 성장하면서 먹는 것들로 몸이 만들어지고, 밥상을 차려주신 부모님의 정성이 같이 들어 있어 우리의 마음이 형성됩니다. 그리고 지금도 여전히 우리가 매일 먹는 밥상으로 가족의 몸과 마음이 이루어지고 있습니다. 강주연 님의 책에는 음식이 우리 몸에 미치는 영향을 오랜 기간 연구한 노력이 담겨 있습니다. 가정에서의 정성 어린 식사가 우리를 어떻게 만드는지 이해하고, 한국의 전통 음식 문화를 통해 이를 현대에 맞게 발전시키려고 노력한 모습이 두드러집니다. 특히 단순한 계절의 식재료만 담아내는 것이 아니라 건강을 생각한 철학적 접근을 어렵지 않게 친절하게 제공하려고 한 고민과 노력이 담겨 있습니다. 그 노력의 결과로 식치라는 어려운 요리의 원리를 친절히 설명하고, 상황에 맞추어 다양하게 응용할 수 있는 방법을 알려줍니다. 이것이야말로 다른 곳에서는 볼 수 없는 이 책의 핵심이라고 할 수 있습니다. 물론 어떻게 하면 간단하면서도 쉽게 그리고 건강한 요리할 수 있는지도 단계별로 찬찬히 보여줍니다. 이렇게 보석 같은 강주연 님의 책을 통해 계절의 변화와 함께 엄마의 손맛 가득 담긴 요리들이 건강에 관심이 있는 다양한 사람들에게 가닿아 많은 도움이 되길 희망합니다.

한국채식약선아카데미
대표 이도경

목차

5장 夏 여름의 채소로 수분과 비타민을 공급하다

6장 秋 가을의 호흡기질환, 면역력을 위해 가을채소로 대비하다

1

오색 오미 레시피

채식약선이란?

약선요리의 약은 한자로 풀 초 부수에 약자를 쓴 것으로 병에 걸렸을 때 어떤 종류의 풀을 섭취하면 편안해진다는 의미입니다. 영어단어의 약도 건조된 풀이 어원입니다. 그리고 약선(藥膳)은 약 약, 반찬 선으로 약이 되는 음식을 말합니다. 단어에서도 알 수 있듯이 약선은 한의학과 조리학의 이론을 바탕으로 약초와 식재료를 적절하게 배합하여 음식과 약의 치유개념을 결합했습니다.

우리 선조들은 약선과 음식은 그 근원이 같다고 생각하여 영양에 대한 육체적인 욕구와 약의 치료기능을 조화시켜서 음식으로 건강과 의료를 대신하는 독창적인 건강 의학, 약식동원을 발전시켰습니다. 이는 약재를 식용을 활용하며 식재를 약용으로 활용하는, 약은 음식의 힘을 빌리고 음식은 약의 힘을 빌려 상호 작용하도록 하는 것으로, 약선은 한의학, 조리학의 이론을 바탕으로 하며 군신좌사의 원리를 음식에 접목합니다. 약초와 제철 식재료를 적절하게 배합하여 식물의 성질, 색과 맛, 향, 약성을 두루 갖추며 신체의 균형을 깨트리지 않고 몸의 음양 균형을 유지하도록 하는 것이지요. 즉 채식약선식은 제철 채소, 발효 양념, 자연식, 약식동원, 식치의 개념을 담아 음식을 약으로 바꾸는 채식 식이요법이며 부족한 것은 채우고 넘치는 건 비워주는 방법으로 몸에 균형을 잘 맞추는 음식으로 질병을 예방하고 건강을 관리하는 식사법을 말하는 것입니다.

특히 기존의 약선음식은 영양 위주의 고열량, 고단백, 고지방으로 신체의 골격을 튼튼히 하고 살을 찌우는 성장발육 위주였다면, 채식약선식은 우리 몸의 조화와 균형을 맞추며 넘치는 독소, 노폐물을 덜어내는 뺄셈의 영양학이라 할 수 있습니다. 한의학에서는 몸의 노폐물 형태를 담이라고 하며 '10가지 병중에서 9가지 원인이 담'이라고 했습니다. 노폐물, 즉 담으로 인해 독소가 생기면 몸의 순환을 방해하고 이것이 문제를 일으키는 주된 요인이 된다고 본 것입니다. 먹은 것이 노폐물이 되지 않게 하는 식습관에 대한 고려, 일정한 시간, 적당한 양 등 소식을 하며 야식, 과식을 하지 않도록 하여 비움과 채움이 조화를 이룰 때 건강하게 되는 것입니다.

오색

생명체는 자연에 적응, 생존하기 위해 치열하게 움직입니다. 그러나 식물은 움직일 수가 없으므로 자연의 환경에 순응하며 살아야 합니다. 따라서 식물은 각 환경에 맞는 최적의 생명 상태를 유지하기 위해서 잎의 모양과 자라는 방향, 수분함량, 껍질, 색으로 자신의 에너지를 조절하며 생김새를 달리하는데, 이런 식물의 외적 특성을 잘 헤아리면 식물이 가진 내적인 에너지와 정보를 알아낼 수 있습니다.

약식동원은 음식과 약은 병을 치료하는 이치가 같다는 의미입니다. 한의학에서는 음식으로 병을 치료하는 것을 식치라고 합니다. 이 식치를 제대로 적용하기 위해서는 '오색'에 대한 이해가 필요합니다. 오색은 음식물이 가지고 있는 고유의 색으로 오행적 분류체계에 따라 구분을 하여 목의 기운은 푸른색, 화의 기운은 붉은색, 토의 기운은 황토색, 금의 기운은 흰색, 수의 기운은 검은색으로 각각 오행에 배당되어있습니다. 이 다섯 가지 색은 우리의 오장에도 적용되어 특정 부위가 안 좋으면 얼굴색으로 병을 파악할 수 있습니다. 그러므로 식치의 기본은 얼굴색을 보고 그 색과 같은 음식을 먹어 몸과 마음을 건강하도록 돕는 것입니다.

목木 - 청색 - 간

청색에 해당하는 장기는 간입니다. 간은 피를 저장하고 정화, 해독하는 일을 합니다. 또한 재충전하는 에너지와 이를 전신에 공급하는 일을 하여 간을 종합적 화학공장의 역할로 비유합니다. 이런 수식어에 걸맞게 간은 피를 저장하는 역할과 해독, 대사, 면역 등 우리 몸의 생리기능이 정상적으로 돌아갈 수 있도록 하여 필요한 곳에 내보내는 역할을 담당하고 있습니다. 이것은 곧 외부로부터 들어오는 여러 요인 독소, 중금속, 스트레스 등 몸과 마음에 쌓인 독과 싸우는 투쟁적 기능, 방어기능을 담당한다는 것을 의미합니다. 따라서 간은 감정적으로는 분노로 표현될 수 있습니다. 평소 분노의 감정을 많이 가진다는 것은 간이 더욱 안좋게 된다는 것을 의미하며 이때에는 간에 도움이 되는 청색으로 음식을 준비하는 것이 좋습니다.

청색의 식재료에는 많은 양의 식물성 화학 물질과 파이토케미컬을 함유하고 있어 체 내외에서 우리 몸을 해롭게 하는 각종의 병원균이나 공격적 요소로부터 몸을 지켜주는 작용을 하여 면역력을 높이고 피로를 해소하며 항산화 및 항노화 작용을 합니다. 특히 녹색 채소의 엽록소는 마그네슘을 가진 고리구조의 화합물로 혈액의 성분인 헤모글로빈과 그 구조가 유사해 조혈작용과 세포의 재생능력이 뛰어나 빈혈에 좋은 식재료입니다. 또한 녹색 채소는 식이섬유가 많아 혈중 콜레스테롤 수치도 낮추어줍니다.

대표적 식재료

쑥, 미나리, 취나물, 돌나물, 냉이, 상추, 케일, 브로콜리, 치커리, 시금치

화火 - 붉은색 - 심장, 소장

붉은색에 해당하는 장기는 심장과 소장입니다. 심장은 혈액을 온몸으로 순환시키고 마음이나 감정 같은 정신활동과 의식, 사고 등을 주관합니다. 탁한 피를 내보내고 신선하고 맑은 피를 공급하는 역할과 혈압과 호르몬

분비의 균형을 조절하는 일도 합니다. 심장의 기능이 왕성하면 얼굴이 붉어지는데 기쁠 때 또는 음주 시에 얼굴이 붉어지는 것은 모두 심장의 활성과 상관이 있기 때문입니다. 따라서 심장이 안 좋으면 얼굴색이 붉고 양쪽 광대뼈 부위가 유독 붉은 증상이 생기며 전신 순환이 약해져 이것을 돕기 위해서 혈압이 높아지게 됩니다.

붉은색 식재료는 심장의 추동 능력을 도와 혈액순환을 좋게 하고 어혈을 푸는 작용을 해 혈관 건강, 뇌혈관에 좋은 식재료입니다. 과학적으로 붉은색은 노화와 암의 원인이 되는 자유기를 없애는 항산화물질이 함유되어있어 항산화 작용이 뛰어나다는 연구 결과가 있습니다. 대표적으로 리코펜은 심장질환, 폐암, 대장암, 유방암 등을 예방하며 혈전형성을 억제하고 심장질환과 뇌졸중 위험을 감소시키며, 안토시아닌은 소염작용효과가 있다고 알려져 있습니다.

대표적 식재료

토마토, 붉은 양파, 비트, 홍고추, 적상추, 홍색 사과, 홍당무, 석류, 오미자, 산수유, 순무, 딸기, 앵두, 적포도, 대추, 구기자, 팥

토土 - 황색 - 비장, 위장

황색에 해당하는 장기는 비장, 위장입니다. 토는 지구상의 모든 생물을 기르는 흙을 상징하므로 우리 몸에서도 건강히 성장할 수 있게 근본 에너지를 만드는 비장과 위장이 황색에 해당하는 것입니다. 기능적 측면을 보면 비장은 맛을 조절하고 위장은 양분을 섭취해 혈을 만드는 근본 에너지가 되므로 소

화력, 면역력, 저항력과 관계가 높습니다. 또한 당뇨의 조절과도 관계가 있어 현대에 더욱 적극적으로 연구하고 검토해야 할 색의 음식이기도 합니다.

영양학적으로 황토색의 주된 색소는 카로티노이드 성분으로 노화를 지연시키고 항암효과가 뛰어나며 발육 촉진, 피부보호 효과 등이 있습니다. 또한 베타카로틴은 세포보호 등 암과 심장질환의 예방에 효과가 있고, 카레의 원료가 되는 강황의 황 색소인 커큐민 역시 항암효과가 뛰어나다고 보고되고 있습니다.

대표적 식재료

콩, 청국장, 된장, 녹두, 좁쌀, 당근, 단호박, 감자, 황색 고구마, 단옥수수, 노란 파프리카, 레몬, 감귤, 오렌지, 파인애플, 감, 망고

금金 - 흰색 - 폐, 대장

흰색에 해당하는 장기는 폐, 대장입니다. 이 장기들은 피부장벽, 호흡기를 통해 외부로부터 들어오는 바이러스나 세균들로부터 우리 몸을 보호해주는 역할을 합니다. 따라서 흰색의 식재료는 폐를 정화하고 가래를 없애주며 기침을 멎게 하는 해독과 습기를 말리는 작용력이 있고, 중금속 등 독을 잘 풀어주어 한의학에서는 흰색의 동식물로 만든 약재가 많이 쓰입니다. 실제로 흰색의 음식은 먹고 나면 시원하고 개운한 느낌이 드는데, 같은 김치라 하더라도 배추김치를 먹는 것보다 백김치나 무김치를 먹고 나면 시원하고 개운한 맛이 나는 것이 그 이유입니다. 특히 가을, 환절기 때는 폐의 관리가 필요하기에 흰색의 식재료를 잘 사용하면 도움을 받을 수 있습니다. 심적

으로 폐는 근심과 슬픔의 감정을 대표해, 폐 기능이 약한 사람은 근심, 걱정이 많아 한숨을 많이 쉬고 안색이 창백하다는 말을 많이 듣게 됩니다.

영양학적으로 흰색의 과일, 채소류에는 황화합물들을 다량 함유하고 있으며 항균, 항암, 항바이러스, 항알레르기, 항염증 등의 기능이 탁월하고 항산화 효과도 높습니다.

|

대표적 식재료

대파의 흰 부분, 양파, 마늘, 무, 콜리플라워, 백합, 각종 버섯류, 배, 흰 옥수수, 도라지, 콩나물, 연근, 우엉

수水 - 검은색 - 신장, 방광

검은색은 신장, 방광이 해당하며 신장의 기운을 도와 피를 맑게 정화하는 작용과 신장, 생식기 질환 전반에 걸쳐 좋은 효과를 발휘하게 됩니다. 음양학적으로 검은색은 음의 성질을 띠므로 어둠, 밤, 추위, 물의 색이라고 할 수 있는데, 추우면 혈액순환이 잘 안되어 안색이 검어지고, 심한 공포를 느낄 때도 얼굴이 검게 변하는 것을 생각하면 검은색 식재료의 성질을 이해하기 쉬울 것입니다. 또한 검은색 식재료는 골다공증, 치매, 갱년기증상 등의 증상 완화에도 도움이 됩니다.

영양학적으로 검은색은 안토시아닌, 이소플라본 등이 많이 해당됩니다. 수용성 색소인 안토시아닌은 페놀 구조를 띤 화합물인 플라보노이드의 일종으로 노화의 원인이 되는 활성산소를 효율적으로 중화시키는 효능

이 있어 항산화 작용이 뛰어나 노화를 지연시키고, 혈중 콜레스테롤 수치를 낮추어 심장질환과 뇌졸중, 동맥경화 및 고혈압 예방에도 효과가 있습니다. 검정콩에 많이 들어있는 이소플라본은 여성호르몬인 에스트로젠과 유사한 기능을 해서 암 예방, 갱년기장애 개선, 고혈압과 동맥경화 예방효과가 뛰어납니다.

대표적 식재료

검정깨, 검정콩, 김, 흑미, 목이버섯, 미역, 다시마 등의 해조류

식품의 고유한 맛은 오장의 특정 장부로 영양성분을 끌어당겨서 효능을 발휘하는데 그러기에 '맛'은 건강한 식생활의 길잡이 역할을 하게 됩니다. 쉽게 말하면 식품이란 천연 영양제라 생각하면 될 것 같습니다. 더욱이 기능적 측면의 특정 장부를 좋게 하려 해당하는 장부의 맛을 먹는 것 이외에도 오미는 음식을 먹을 때 우리의 감각을 일깨워주고 즐겁게 해주기도 합니다.

오미는 말 그대로 다섯 가지 맛을 의미하는데, 목의 기운인 신맛, 화의 기운 쓴맛, 토의 기운 단맛, 금의 기운 매운맛, 수의 기운 짠맛으로 관계를 나타낼 수 있습니다. 이 원리를 이해하고 있으면 장부의 부족한 것은 채워주고 넘치는 것은 덜어주는 방법으로 식물의 성질과 맛을 배합해 조리할 수 있게 됩니다. 이것을 응용한 채식약선식은 식재료의 오미의 작용력을 이해하고 오장육부의 귀경을 고려하여 식단을 짤 수 있게 해 건강한 식습관을 가지는데 도움을 줄 것입니다.

목木 - 신맛

목의 기운을 가진 식재료는 산미를 많이 가지고 있어 신맛을 대표합니다. 신맛은 식욕을 증진하게 시키고 청량한 느낌을 주며 갈증을 채워주고 설사를 멈추게 하는 효능이 있습니다. 이 원리를 응용하면 땀이나 대소변 같은 배설물이 필요 이상으로 몸 밖으로 많이 빠져나가게 되는 다한증, 식은땀, 야뇨, 빈뇨, 설사, 여성들의 대하 증상에 도움이 됩니다. 또한 모과나 사과 같은 새콤달콤한 맛은 마르고 건조한 사람에게 도움을 주고, 피로하고 기운을 생성시키는 에너지로 인해 봄의 기운인 생기, 활력이 부족한 사람에게 도움이 됩니다.

대표적 식재료

사과, 레몬, 매실, 오미자, 구기자, 살구, 석류, 귤, 오렌지, 한라봉

화火 - 쓴맛

오래전부터 한의학에서 쓴맛의 약물은 항염, 거습, 해열, 흥분 진정, 이뇨 등의 효능을 가지고 있다고 알려져 왔습니다. 음식을 하는 데도 마찬가지로 쓴맛을 활용하면 해열, 염증을 다스리는 해독, 열기를 아래로 내려 대소변으로 배출시키는 이뇨 작용에 도움을 줄 수 있습니다. 특히나 쓴맛의 해열 작용은 심장이 항진되지 않도록 도와 심장의 과열을 막고 편안하게 하는 하기작용을 하는 데 도움을 주므로 혈압이 높거나 얼굴이 붉고 화를 잘 내는 사람이 흥분을 가라앉히는 데 좋습니다.

대표적 식재료

씀바귀, 민들레, 쑥, 쑥갓, 머위, 오가피 순, 야생초

토土 - 단맛

단맛은 통증을 가라앉히는 효과와 건조한 것에 윤기를 주는 효능, 자양 강장 작용 등을 합니다. 특히 단맛의 통증을 가라앉히는 효과는 천연진통제의 기능을 의미하는데 신경을 안정시켜 경직된 근육과 신경을 이완시켜 부드럽게 풀어주는 작용을 합니다. 이를 응용한 민간요법으로 배가 아프

면 흑설탕 물을 주는데 급박한 통증, 위경련이 있을 때 효과가 있습니다. 사실 모든 병 치료의 시작은 통증을 다스리는 데 있다고 봐도 과언이 아닙니다. 그래서 한약 재료에 먹기 편하게 한다는 이유도 있지만, 감초를 자주 넣는 이유가 이것입니다. 감초는 단맛이 나는 식재료로 한약에 쓰이는 약초의 기운을 조화롭게 만들고 해독, 진정 작용에 효과가 있습니다.

대표적 식새료

고구마, 단호박, 참외, 대추, 바나나, 양배추, 원당, 조청, 감초

금金 - 매운맛

매운맛은 발산하는 작용으로 깨끗한 공기를 들이마시고 더러워진 공기를 뱉어내는 온몸의 기와 수를 조절하는 대사 작용을 활발하게 해서 정체된 기운을 뚫어주고 기의 흐름을 왕성하게 해 몸을 깨우고 신진대사와 호흡 작용을 증진하게 합니다. 또한 몸의 열을 만들어 피부의 모공을 열어 땀을 내는 작용을 합니다. 한의학에서도 매운맛을 가진 약물들은 진통, 진정, 발한, 흥분, 이뇨, 진해, 거담 등의 효능이 있어 발산, 이기작용과 기혈의 장애, 기체 등의 증상에 사용합니다. 신체적인 부분뿐만 아니라 정신적으로도 매운맛의 발산작용은 기억된 정보를 휘발시켜 좋지 않은 기억이나 스트레스를 발산시키는 데 도움을 줍니다.

대표적 식재료

파, 생강, 고추, 후추, 계피, 무, 갓, 부추, 고수, 박하

수水 - 짠맛

물의 기운을 가진 음식 재료들은 짠맛을 가지고 있는데 바다의 해조류, 소금기가 있는 땅에서 잘 자라는 식물들이 짠맛이 나는 것을 생각하면 이해하기 쉽습니다. 짠맛은 몸속의 병적인 습기와 부기를 삼투시켜 빼내는 작용을 하여 굳은 것을 부드럽게 하는데, 대표적으로 김장을 할 때 뻣뻣한 채소에 소금을 뿌리면 부들부들해지는 원리를 생각하면 됩니다. 이러한 짠맛의 밖으로 밀어내는 작용력은 우리 몸에 들어오면 해독, 디톡스에 효과적인 도움을 주는 기능을 합니다.

대표적 식재료

천일염, 미역, 김, 톳, 함초, 세발나물, 쇠미역

채식약선 준비

2

발효 양념과 기본 양념

사람들은 흔히 노화를 방지하기 위해 성형과 젊어 보이기 위한 패션 등 외모를 가꾸는 데 신경을 쓰지만, 실제 노화나 질병의 80%는 장 건강에서 시작된다고 합니다. 장에서 제대로 숙성되지 않은 음식물 찌꺼기는 독소로 변하며 건강도 해치고 질병을 일으키는 주요 원인이 됩니다. 특히 노화의 주범이라고 할 수 있는 활성산소는 몸 안에 나쁜 것이 들어올 때 증가하며, 활성산소가 너무 많아져 몸 밖으로 배출이 되지 않으면 우리 몸의 세포를 훼손하고 이로 인해 노화가 빠르게 진행되게 됩니다. 이러한 활성산소를 줄이는 방법은 첫째, 항산화 작용을 하는 채소와 과일을 중심으로 하는 자연식을 하는 것. 둘째, 유익균의 성장을 촉진하는 발효음식, 발효 양념, 식이섬유를 먹는 것으로 알려져 있습니다. 이 두 가지는 면역력의 70%를 담당하는 장의 건강과 직결되어 몸의 건강뿐만 아니라 뇌장상관에 의해 마음의 건강도 돕습니다.

장을 건강하게 하기 위한 자연식과 발효음식을 먹는 것을 너무 어렵게 생각할 필요는 없습니다. 우리나라의 전통 음식 문화가 바로 이에 기반했기 때문이죠. 우리 조상들이 대대로 먹어온 한식을 기반으로 식사를 하면 됩니다. 한식의 경우 채식 위주의 나물 문화가 발달 되어 있습니다. 나물만으로 단백질 섭취가 부족하지 않았던 것은 콩을 가공한 간장, 된장, 고추장 같은 발효 양념이 있었기 때문이었습니다. 우리 조상들은 이 발효 양념들로 채소의 약성을 극대화하거나 독성을 중화, 해독시키고, 소화 흡수에 도움을 주어 채소의 맛뿐만 아니라 영양도 좋게 했습니다. 나물 문화뿐만 아니라 길고 혹독한 겨우내 채소를 먹을 수 있는 최상의 조리법인 김장 문화도 빼놓을 수 없습니다. 김치는 음양오행이 가장 잘 드러나는 음식으로 오색과 오미가 잘 조화된 우리나라의 대표적인 발효음식입니다. 김치는 배추의 푸른 잎과 파, 부추, 갓등 청색과 고춧가루의 붉은색, 생강의 황색, 마늘과 무 등은 백색, 청각의 흑색으로 오색을 갖추어 담급니다. 여기에 재료의 단맛, 짠맛, 매운맛, 쓴맛과 발효가 되면서 생성되는 신맛이 더해져 오미를 갖추게 됩니다. 이러한 김장 문화의 경우 유네스코 인류무형문화유산에 등재되기도 했습니다. 한국의 전통 식생활의 특징인 채식과 발효음식 중심의 식문화가 단순히 개인의 건강뿐만 아니라 지구의 생명체를 살리고 더 나아가 환경의 지속 가능성에 대한 좋은 답을 주고 있기 때문입니다.

'장'에도 오행의 색이 반영됩니다. 간장과 된장을 만들기 위해 먼저 메주를 만들어야 하는데, 메주를 만드는 누런색 콩으로 황색 메주를 띄우면 흰색 곰팡이가 생깁니다. 이어서 항아리 안에서 장이 발효, 숙성기간 동안 오행의 상징이 다 드러나게 되는데, 흰색의 천일염을 물에 타서 항아리에 넣고 황색 메주를 넣은 다음 붉은 고추와 검은색 참숯을 넣어 장을 만드는 과정이 그것입니다. 색은 단순히 보기에만 좋은 것이 아니라 위에 설명했던 오색에서도 볼 수 있듯이 주요 장부에 균형 잡힌 영양을 줍니다. 장의 영양 측면은 이것으로만 끝나지 않습니다. 가장 중요한 발효가 포함되어 있기 때문입니다.

간장의 경우 발효 시간이 지날수록 맛은 강해지고 염도는 낮아지게 되는데, 자연적으로 수분이 증발해 소금 결정과 같은 모양으로 굳어지며 시간이 지날수록 부드럽고 진한 풍미와 단맛을 냅니다. 즉 기다림의 시간이 길어질수록 이제까지 맛보지 못하던 향과 맛을 제공하게 되는데 발효 간장의 경우 소금처럼 짠맛만 내지 않고 감칠맛, 단맛, 신맛, 짠맛 등 다채로운 맛과 풍미로 음식의 간과 해독, 약성을 담당하게 됩니다.

장은 계절을 거쳐 만들어지는데, 온도 변화에 따라서 미생물의 활동 변화가 생기는 원리가 적용됩니다. 초겨울에는 온도가 낮아 저온에서 잘 자라는 젖산균이 활동하고, 4~5월 봄에는 미생물이 생육하기 좋은 온도인 25도 내외의 온도로 익어가며, 익은 장은 여름내 높은 온도에서 살균됩니다. 이런 기후의 반복을 거치며 다양한 미생물들의 작용과 발효 작용을 거쳐 장이 되며, 간장이나 된장, 고추장과 같은 장류의 경우 발효에 최소 6

개월에서 2~3년 길게는 수십 년까지도 가능합니다. 햇간장의 경우 겹장의 형태로 씨간장을 새로 담그는 간장에 넣으면 발효된 미생물들이 더 많이 모이게 되어 맛이 더 깊어지게 됩니다. 이러한 원리들에 의해 만들어지는 귀한 발효음식이니 건강에 좋을 수밖에 없겠지요.

발효의 과정을 거치게 되면 여러 장점이 생깁니다. 사람과 미생물, 자연이 함께 어우러져서 만들어낸 발효음식은 첫째, 신선한 식재료를 더 맛있게 하고 저장기간을 늘려줍니다. 둘째, 소화하기 쉬운 형태로 만들어 우리 몸의 소화 흡수작용을 도우며, 발효되는 과정에서 사람 몸에 유익한 영양분도 훨씬 더 풍부해지도록 돕습니다. 셋째, 면역세포를 활성화하고 염증을 방지해주는 작용을 합니다. 발효음식 속 많은 미생물이 장내에 유익균을 공급하면서 유해균이 살아가기 어려운 환경을 만들어 건강한 장상태를 만들어 결과적으로 면역력이 좋아지기 때문입니다. 김치 유산균의 경우 면역시스템을 총괄하는 백혈구수를 높이는 효능이 있는 것으로 알려져 있습니다. 발효음식을 통해 장은 원래 지닌 영양소 외에 효소, 프로바이오틱스, 파이토케미컬등이 추가되어 10배 많게는 100배 좋은 약성을 만들게 되는데, 여기에 파이토케미컬이 풍부한 오색 채소 반찬을 곁들이게 되면 면역력을 높이고 몸의 오장육부 균형을 맞추는 최고의 면역 밥상을 만들 수 있습니다.

발효된 우리의 진통 양념에는 여러 가지가 있습니다. 발효간장과 된장은 콩을 발효시켜서, 식초는 과일이나 쌀을 발효, 고추장은 고추를 말리고 소금은 바닷물을 끓이고 설탕은 사탕수수의 즙을 짠 것 그리고 조청은 밥과 엿기름을 발효시켜 만든 약이 되는 천연양념입니다. 발효간장은 혈액의 능력을 극대화하여 몸의 염증과 상처를 치유하는 데 도움을 주며, 간의 해독작용을 도와 체내 유독물질을 제거하는 작용을 돕습니다. 된장은 해독에 특효를 보이며 혈전, 콜레스테롤, 어혈 등 우리 몸에 피가 제대로 돌지 못하고 한곳에 맺혀있는 증상에 좋은 작용을 합니다. 발효식초는 소화 흡수를 돕고 특히 위 절제, 위산 분비가 적으신 분에게 식초가 소화액을 대신할 수 있는데, 위장의 상태에 따라 새콤한 맛의 강약을 조절하면 됩니다.

기본양념

이 책에서 사용한 양념들을 정리해 놓았습니다. 되도록 천연양념을 지향하는데 가공 양념의 경우 대부분 인공색소나 방부제 같은 식품첨가물이 들어있어 오히려 건강을 해칠 수 있기 때문입니다. 그러나 다 만들어 먹을 수는 없기에 약선요리에 사용하는 기본양념들과 제가 주로 사용하는 시중제품의 상호를 같이 적어놓았습니다. 적어놓은 것들만 사용하지 않으셔도 됩니다. 직접 만들어 먹거나 원재료나 제조과정을 잘 살펴 시중에 나와 있는 다른 건강한 양념들을 사용하시면 됩니다.

\-

소금

화학성분이 섞이지 않은 자연산 천일염을 사용합니다. 흔히 맛소금으로 불리는 소금보다 미네랄 성분이 풍부해 영양가도 높으며 짠맛도 강하지 않습니다. 이 책에서는 저온으로 볶아 미네랄과 무기질의 함량이 높은 제품을 주로 사용하였습니다.

▸ 사용제품 : 한살림 볶은소금

+ 소금누룩 : 누룩이란 쌀, 보리, 밀, 콩 등에 누룩균을 번식시킨 것입니다. 누룩은 발효과정 중 다양한 미생물과 효모들이 활동해 주성분인 아미노산을 만들어내고 전분의 당화제의 기능을 가져 당화와 발효의 기능을 갖습니다. 이렇게 만들어진 전통 누룩은 성질이 따뜻하고 맛이 달며 입맛을 돋우고 소화를 도와 위장기능에 도움이 된다고 동의보감에 기록되어 있습니다. 우리 선조들은 오래전부터 누룩을 약용으로 활용하기도 하고 요리 할 때 다양한 방법으로 활용했습니다. 이 좋은 누룩을 쉽게 활용하기 위해서 소금누룩을 추천합니다. 소금누룩이란 누룩에 물과 소금을 더해

발효시킨 천연 발효 조미료로 모든 요리에 소금 대신 사용이 가능합니다. 소금누룩은 기존의 소금보다 염분이 1/4 정도이므로 맛과 건강 면에서도 좋고 효소가 풍부하게 함유되어 감칠맛과 단맛이 뛰어나기 때문에 고급스러운 맛을 낼 수 있습니다.

–

한식된장

되도록 원재료가 국내산이고 농약을 사용하지 않는 친환경 제품을 추천합니다. 특히나 콩의 경우 외국산이면 유전자 조작 콩일 가능성도 크기 때문에 되도록 국내산을 추천합니다. 전통 방식으로 만들고 화학첨가물과 방부제를 사용하지 않고 만든 제품인지 확인하는 것도 필요합니다. 시중에 있는 된장들은 보통 전통적인 한식된장과 대두, 쌀, 보리 같은 원료를 섞어 단맛을 내거나 더 나아가 향미증진제 같은 식품첨가물이 들어있는 경우도 많아 원재료명을 잘 확인하고 구매하는 것이 좋습니다.

▸ 사용제품 : 한살림 산골된장

–

한식간장

간장의 경우 종류가 많아 혼동하기 쉽습니다. 이 책에서는 전통 방식으로 오랜 기간 숙성한 한식간장을 사용했습니다. 깊은 감칠맛과 더불어 열을 가해도 맛과 향이 잘 변하지 않기 때문입니다. 된장과 마찬가지로 원재료가 국내산, 친환경 제품인지 제조방식이 전통 방식으로 만든 것인지 확인하는 것이 필요합니다. 특히 향미증진제, 합성 보존료, 캐러멜색소 등 화학첨가물이 들어가지 않았는지 확인한 후 구매하는 것이 좋습니다.

▸ 사용제품 : 한살림 산골간장

한식고추장

고추장을 구매할 때는 무엇보다 고춧가루 함량을 잘 확인하는 것이 필요합니다. 원재료 표기의 경우 재료를 나열한 순서가 함량 순서로 되어 있으므로, 고춧가루보다 물엿과 같은 첨가물이 더 많은 제품은 지양하는 것이 좋습니다. 되도록 친환경 고춧가루와 엿기름, 조청을 사용해 우리나라 고유의 발효 방식으로 만들고 방부제와 화학첨가물을 넣지 않은 제품인지 확인해서 구매하는 것을 추천합니다.

▸ 사용제품 : 한살림 솔뫼찹쌀고추장

–

현미식초

식초의 경우 합성식초보다 천연발효식초를 고르는 것이 좋습니다. 발효과정에서 유익한 성분이 많이 생기기 때문이지요. 외국의 발사믹같은 경우는 발효 기간에 따라 가격이 천차만별일 정도입니다. 그만큼 발효과정이 중요한 재료가 식초입니다. 식초를 고를 때도 역시 원재료와 발효과정, 그리고 식품첨가물을 확인해서 고르면 됩니다. 이 책에서는 현미식초를 주로 사용했는데, 현미는 영양소가 풍부하고 항산화 성분이 많으며, 혈압과 콜레스테롤을 낮추는 등 다양한 이점이 있기 때문입니다.

▸ 사용제품 : 두레생협 현미식초

–

고춧가루

고춧가루의 경우 햇빛에 말렸느냐 기계에 말렸느냐는 그다지 중요하지 않습니다. 얼마나 잘 말랐는지가 중요하지요. 고추를 보았을 때 탁하지 않고 투명도가 높은 것을 보면 됩니다. 잘 마른 고추는 매운 향만 나는 것이 아니라 살짝 단 향도 납니다. 그러나 요즘은 마른 고추를 구매해 방앗간에 가는 번거로운 과정을 거치기가 쉽지 않죠. 그럴 때는 재료가 국내산이고 친환경인지, 설비가 깨끗한 위생 상태를 인증했는지, 마지막으로 고춧가루의 색, 맛, 입자 등을 고려하면 좋은 고춧가루를 고르는 데 도움이 될 것입니다.

▸ 사용제품 : 한살림 고춧가루

–

조청

조청은 다른 단맛을 내는 조미료들과 달리 혈당을 조절하는 데 도움을 줍니다. 그 외에도 피로 해소, 소화 촉진, 면역력 강화에도 도움이 되는 좋은 전통 조미료입니다. 조청도 원재료가 국내산이고 친환경인지 전통 방식을 사용해 제조했는지를 확인하면 좋은 조청을 고를 수 있습니다.

▸ 사용제품 : 강봉석명인쌀조청, 한살림 조청

–

과일청

말린 과일이나 자투리 채소 등을 활용하거나 유자청, 오미자청, 매실청 등 과일 발효액을 활용하여 요리하면 자연스러운 단맛을 만드는 데 도움이 됩니다.

–

설탕

정제된 설탕은 정제과정에서 사탕수수의 주요 영양성분이 파괴되고 화학제품을 사용하기 때문에 미량의 화학 물질이 설탕에 남아있을 수 있어 추천하지 않습니다. 되도록 칼슘, 비타민, 미네랄 성분이 그대로 있어 건강에 좋은 비정제된 설탕을 구매하시길 권합니다.

▸ 사용제품 : 자연드림 유기농설탕, 마스코바도

참기름, 들기름

기름 구매에서 중요한 것은 저온 추출방식인지를 확인하는 것입니다. 일반적인 고온압착 방식의 경우 가장 중요한 영양소인 오메가3가 파괴되고 가열산화작용으로 기름의 산패가 진행되어 벤조피렌과 같은 발암물질이 생길 수 있기 때문입니다. 따라서 국내산 참깨, 들깨를 사용하여 저온에서 냉압착한 기름류를 사용하면 좋습니다.

▸ 사용제품 : 한살림 참기름, 들기름

–

올리브유

올리브유 역시 저온 추출방식인지 확인하고, 협동조합이나 공정무역의 제품을 사용하였는지 확인하여 구매하면 좋습니다.

▸ 사용제품 : 베제카 올리브유

–

현미유

현미유의 경우 산화가 쉽게 되지 않고 발연점도 높은 편이라 요리에 두루 활용하기 좋습니다. 특히나 현미의 각종 영양소가 담겨 있어 건강에 좋습니다.

▸ 추천제품 : 라온 현미유

–

참깨, 들깨

국내산인지, 친환경 재배방식인지를 확인하면 좋은 깨를 고를 수 있습니다.

▸ 사용제품: 한살림 참깨, 들깨

–

허브류

신선한 허브는 마트에서도 살 수 있지만, 요즘은 집에서도 간단히 기를 수 있습니다. 신선한 허브들은 세척 후 젖은 종이행주에 싸서 밀폐용기에 보관하면 오래 먹을 수 있습니다. 번거롭다면 시중에 파는 마른 천연 허브를 활용할 수 있습니다. 허브류는 소스, 마멀레이드, 페스토 등으로 활용할 수 있고, 향이 좋아 습한 날씨, 장마, 기분이 우울할 때 요리에 활용하면 좋습니다.

▸ 사용제품 : 심플리오가닉 향신료

–

채수

물 대신 자투리 채소를 활용한 채수, 약초를 활용한 채수 등 몸과 마음의 컨디션에 따라 응용해서 활용할 수 있습니다. 이 책에서는 주로 다시마를 활용해 채수를 만들어 사용했습니다. 기준은 찬물 5C에 다시마(10 × 10cm) 2장을 넣고 30분 정도 우리는 것입니다만, 채수의 양과 입맛에 따라 가감하시면 됩니다.

재료 손질법

기본 손질

참나물, 머위, 아욱, 방풍나물 등 손질

: 시든 잎을 떼어내고 두껍고 질긴 줄기 부분을 잘라낸 후 깨끗이 씻어 체에 밭쳐 물기를 뺍니다.

–

냉이 손질

: 시든 잎을 떼어내고 채소솔로 뿌리와 줄기 사이의 남아있는 흙을 제거한 후, 볼에 냉이가 잠길 정도의 물을 담고 살살 흔들어 2~3회 씻습니다.

–

두릅 손질

: 녹색 줄기와 나뭇가지 사이의 얇은 껍질을 벗긴 후 가시를 칼등으로 긁어낸 후 두꺼운 밑동은 잘라냅니다.

–

시금치 손질

: 지저분한 잎은 떼고 칼로 뿌리를 제거한 후, 볼에 물을 담아 손으로 살살 흔들어 2~3회 씻습니다. 포기가 큰 것은 뿌리 쪽에 열십자로 칼집을 내어 손질합니다.

–

마, 우엉, 연근 등 뿌리채소 손질

: 채소솔로 껍질을 깨끗이 닦아 껍질째 사용합니다.

도라지, 더덕 손질

: 깨끗이 씻어 꼭지를 자르고 작은 칼로 돌려가며 껍질을 벗깁니다.

–

말린 취, 고사리, 시래기, 곤드레 등 건나물 손질

: 건나물은 물을 충분히 넣고 반나절 불립니다. 충분히 불린 후 냄비에 건나물을 넣고 센 불에서 끓인 다음 끓어오르면 30~40분 정도 삶고 식을 때까지 그 물에 그대로 둡니다. 그다음에는 찬물에 여러 번 헹군 후 물기를 꼭 짜면 됩니다.

–

버섯류 손질

: 물로 씻지 말고, 면 보자기 또는 종이행주로 닦은 후 밑동을 제거합니다.

–

단호박, 파프리카, 고추 등 씨 빼기

: 깨끗이 씻어 반으로 썬 다음 숟가락으로 가운데 씨를 제거한 후 원하는 모양, 크기로 썹니다.

–

두부 으깨기

: 두부는 칼등으로 눌러 곱게 으깬 후 젖은 면 보자기에 싸서 물기를 꼭 짭니다.

–

은행 손질

: 끓는 물에 은행을 넣고 10초 정도 데친 후 껍질을 벗깁니다.

–

채소를 손질할 때 껍질도 되도록 사용하도록 조리하는 것이 좋습니다. 음양오행에서 식물의 껍질은 양, 알맹이는 음으로 보아 음양의 조화를 위해서도 함께 섭취하는 것이 좋습니다. 또한 영양학적으로도 껍질에는 독소, 노폐물을 배출하는 작용과 외부환경으로부터 자신을 보호하기 위한 방어물질, 면역물질이 가득해서 알맹이만 먹는 것보다는 함께 먹는 것을 추천합니다. 각 레시피에는 껍질을 어떻게 활용하는지 적어두었으니 도움이 되었으면 좋겠습니다.

–

채소 썰기

채썰기 : 재료를 편으로 썬 후 다시 채를 칩니다.

송송 썰기 : 재료를 0.3cm 두께로 송송 자릅니다.

편 썰기 : 재료를 0.3cm 두께로 얇게 모양대로 편을 썹니다.

깍둑썰기 : 재료를 주사위 모양으로 사방 폭이 같도록 자릅니다.

반달썰기 : 재료를 길게 이등분한 후 원하는 두께로 반달 모양으로 자릅니다.

동그랗게 썰기 : 재료를 일정한 두께로 동그랗게 자릅니다.

부채꼴 모양 썰기 : 재료를 길게 사 등분한 다음 원하는 두께로 부채꼴 모양으로 자릅니다.

채식약선
레시피

3

계절 섭생의 원리

계절 섭생의 원리

사람의 몸은 늘 같아 보이지만 계절에 따라 계속 변화합니다. 자세히 살펴보면 봄에는 살짝 키가 크고 가을에 체중이 늘며 몸의 털과 피부 두께도 계절에 따라 변하는 것을 알 수 있습니다. 따라서 계절의 변화에 맞추어 음식을 선택하고 조리할 수 있어야 합니다.

계절의 변화는 태양의 움식임에 따라 달라집니다. 태양이 만들어낸 자연의 흐름 즉 태양 빛의 각도에 따른 온도와 습도 변화가 자연현상의 변화를 일으킵니다. 계절의 흐름을 음양오행과 연결 지어 보면 봄은 목, 탄생을 여름은 화, 성장을 가을은 금, 수확을 겨울은 수, 저장을 각각 의미합니다. 에너지로 보면 봄, 여름은 양기의 진행, 가을, 겨울은 음기의 진행이라고 할 수 있지요. 이 원리를 적용해 계절에 나는 제철 식재료로 부족한 영양분을 보충하며 그 계절에 필요한 영양과 기운을 보충하는 것이 계절에 맞는 식사법입니다. 봄에는 봄나물 위주로 생기를 주고 여름에는 시원한 성질, 수분을 채우며 가을에는 단단한 견과류를 먹고 겨울에는 따뜻하게 먹으면 됩니다. 이 원리를 기본으로 중간중간에 개인의 컨디션에 따라 보양식을 더해주면 좋은데, 여름에는 속을 데우는 뜨거운 음식, 겨울철에는 활동이 적어 속에 열이 많이 차게 되므로 시원한 냉면, 동치미 등을 먹는 것 등이 있습니다.

이 책에서는 위의 원리를 적용해 계절별로 어떤 재료들로 어디에 중점을 두어 섭생을 하면 좋은지 정리해 보았습니다. 이 책을 참고로 더 다양한 재료와 조리법으로 각자 응용해 보면 좋을 것입니다.

봄
春

4

봄나물로 생기충전、
스트레스를 관리하다

봄 채식약선 섭생법

봄은 오행으로 말하면 목, 우리 몸에서는 간, 자연에서는 나무를 빗대어 말합니다. 봄에는 간이 많이 움직이고 활발히 활동하는 시기로 간의 기능을 돕는 식재료를 사용하면 건강에 도움이 됩니다.

자연에서는 새순과 새싹이 돋아나는데 봄의 새순과 새싹에는 단백질이 많이 들어있어 간의 영양을 보충하기에 좋습니다. 특히 봄나물에는 초록색, 단단한 땅을 뚫고 올라온 생명력, 쌉싸름한 맛이 담겨 있는데, 봄의 나른함, 춘곤증, 만성피로, 입맛이 없을 때 기운이 나게 만들어주는 효과가 있습니다. 우리 몸의 간의 활동은 보통 나무에 비유하는데 간이 활동을 잘 하려면 나무에 물을 주듯 봄나물의 신맛, 초록색, 스프링처럼 튕겨 올라오는 생기와 생명력이 도움이 되는 것입니다. 특히 신맛의 경우 진액생성과 기혈을 모으는 데 도움을 줍니다.

봄의 에너지는 우리의 몸과 마음에 작용하며 힘차게 일 년을 살아갈 수 있게 만들어줍니다만 지나치면 마음이 들뜨고 설레게 되어 기운이 상기되어 올라오는 기운으로 인해 두통, 어지럼증 등의 증상이 생길 수 있습니다. 이때는 쓴맛 나는 민들레, 고들빼기, 씀바귀, 두릅 등을 먹는 것이 도움이 됩니다.

이런 봄나물 이외에도 봄에 먹으면 좋은 것이 고로쇠수액입니다. 초봄인 2~3월에는 전국의 산에서 고로쇠수액을 채취합니다. 겨우내 뿌리에 압축되어있던 진액이 봄이 되면서 올라와 나무나 줄기 안에 담기게 되기 때문인데요. 천연 비타민, 미네랄이 풍부한 이 나무의 수액은 이온 음료처럼 몸에 빠르게 흡수됩니다. 흡수된 수액은 몸을 순환하여 콩팥을 통해 노폐물을 배설하고 몸의 독소를 청소해주는 작용을 합니다.

봄의 식재료

보리순, 엄나무순, 쑥, 두릅, 머위, 씀바귀, 민들레, 곰취, 취나물, 참죽순, 냉이, 원추리, 죽순, 미나리, 홋잎나물, 곤드레나물, 고수, 세발나물, 톳, 마늘종, 풋마늘, 봄동, 눈개승마, 고로쇠수액

간은 우리 신체의 중요한 해독기관으로 독성물질이 간에 모여 분해를 하며, 몸 안에 쌓이는 노폐물, 활성산소, 발암물질 등의 독소로부터 우리 몸을 지키는 역할을 합니다. 만약 해독작용이 제대로 이루어지지 않으면 신체적으로는 각종 질병에 노출되며 만성피로, 지방간, 간 수치가 오르게 되고 심리적으로는 짜증, 심술, 투정, 폭발, 억울한 마음 등 정서장애가 생기게 됩니다. 특히 간의 기운이 소통하지 못해 생기는 분노로 인해 감정이 격해지면 몸을 부르르 떨게 되기도 하고 심하면 중풍의 위험까지 생깁니다.

해독작용 이외에도 간의 경우 우리 몸의 눈, 근육, 인대와 힘줄, 관절 등으로 신호를 보내는데, 간에 문제가 생기면 연결된 우리 몸의 부분에도 문제가 발생해 굴신 작용의 문제, 허리, 목, 팔이 잘 안 돌아가며 눈의 충혈, 건조함 등이 생기게 됩니다. 이때 이런 몸의 신호를 잘 알아차려 도움이 되는 식재료, 색과 맛으로 증상에 맞는 식치를 하면 됩니다.

스트레스를 관리하다
봄나물로 생기충전

01

향을 즐기는
바질돌나물샐러드

재료

토마토 1개, 돌나물 100g, 대추야자 4~5개

바질 소스

올리브유 2T, 레몬즙 1.5T, 설탕 1.5T, 소금 1/3t, 빻은 참깨 1t, 바질 2~3잎,

만드는 법

1. 바질은 곱게 다진다.
2. 볼에 분량의 소스 재료를 넣고 고루 섞은 후 다진 바질을 넣어 완성한다.
3. 돌나물은 깨끗이 씻어 물기를 제거한다.
   토마토는 꼭지를 떼고 0.6cm 두께로 썬다.
   대추야자는 굵게 다진다.
4. 그릇에 돌나물, 토마토, 대추야자를 담고 바질 소스를 곁들인다.

요리팁 ▸

허브류는 빨리 시들고 향과 맛을 잃을 수 있어 물에 씻지 않는 것이 좋습니다. 특히 바질과 같이 연약한 허브잎은 잎이 멍이 들거나 숨이 금방 죽기 때문에 젖은 종이행주나 천으로 부드럽게 닦는 것이 좋습니다. 또한 향이 나는 채소는 마지막에 곁들이는 것이 좋습니다. 비위장이 약한 경우 노란색과 단맛을 내는 애호박, 감자, 단호박을 함께 먹으면 좋으며, 바질 소스의 양념에서 설탕 대신 조청으로 대체하거나 생강청을 추가하면 좋습니다.

채소 약성

돌나물은 돌 틈에서 자라서 돌나물이라는 이름이 붙은 해열, 해독의 효능이 뛰어난 봄철에만 볼 수 있는 나물입니다. 또한 돌나물의 풍부한 비타민 C는 체내 활성산소를 제거하는 항산화 성분으로 피로 해소에도 좋고 특히 눈 건강에 도움이 되며 눈의 수정체를 투명하게 유지하여 노안과 백내장 예방에 도움을 줍니다. 작고 통통한 잎의 수분함량은 수박보다 많고 칼슘 함유량은 우유의 2배나 되기 때문에 갱년기 골다공증 예방에도 도움이 됩니다.

02

천연 항히스타민제
쑥갓동그랑땡

재료

두부 1모, 쑥갓 200g, 홍고추 1개, 다시마부각 약간

반죽 양념

전분가루 2T, 천일염 1/2t, 후추 약간

깨소금

죽염 1/3t, 빻은 참깨 1T

만드는 법

1. 쑥갓은 굵은 줄기는 손질한 후 끓는 물에 살짝 데쳐 물기를 꼭 짠다. 그런 다음 송송 썬다.
2. 두부는 칼등으로 으깨고 면 보자기를 이용해 물기를 제거한다.
3. 볼에 으깬 두부, 쑥갓, 반죽 양념을 넣고 가볍게 뒤섞은 후 둥글납작하게 반죽을 만든다.
4. 절구에 참깨를 빻는다. 그런 다음 죽염, 빻은 참깨를 넣어 깨소금을 만든다.
5. 달군 팬에 기름을 두르고 반죽을 올려 앞뒤로 노릇하게 굽는다.
6. 접시에 쑥갓동그랑땡을 올린 후 깨소금, 다시마부각을 고명으로 올린다.

요리팁 ▸

쑥갓동그랑땡의 쑥갓 손질은 기둥은 쓰지 않고 잎만 씁니다. 남은 기둥은 채소 무침에 함께 활용하면 좋습니다. 향이 나고 부드러운 채소는 흐르는 물에 재빨리 씻어야 하는데, 데칠 때도 3초 정도면 충분하며 물이 끓어오르면 찬물에 헹궈 빨리 물기를 빼서 비타민 C 손실을 줄이는 것이 영양소를 지키는 데 좋습니다.

03

봄철 소화불량
양배추무수프

재료

양배추 200g, 무 200g, 양파 1/2개, 아몬드유(또는 두유) 2C, 채수 3C

양념

천일염 1.5t, 후추 약간

만드는 법

1. 무, 양배추, 양파를 곱게 채를 썬다.
2. 팬에 기름을 두르고 무, 양파, 양배추를 캐러멜화되도록 20분 정도 볶는다.
3. 채수를 넣고 30분 정도 푹 끓인 후 양념을 넣는다. 그 후 한 김 식힌 후 믹서기로 간다.
4. 아몬드를 굵게 다져 고명으로 올린다.

요리팁 ▸

소화가 잘 안 되거나 기름을 넣은 음식을 못 먹는 경우에는 물을 넣어 충분히 볶는 방법으로 대체합니다.

아몬드유 대신에 아몬드와 동량의 물을 넣어 갈아 사용하면 더 고소한 맛과 영양을 느낄 수 있습니다. 입자의 고운 정도는 기호에 따르셔도 좋습니다. 다만 거칠게 갈면 씹는 맛이 좋아지는데 씹는 행위는 뇌기능을 활성화시켜 스트레스 해소와 치매예방에 도움을 준다고 하니 참고하시면 좋겠습니다.

채소약성

양배추에 들어있는 영양소 비타민U는 위궤양, 위암을 예방한다고 알려져 있습니다. 보통 불안, 스트레스, 정신적인 압박이 생기면 이로 인해 위점막에 염증이 생기고 신경성 위염 증상이 생기는데 증상이 악화하면 출혈까지 일어나게 됩니다. 이때 양배추의 인돌3카비놀은 위를 편안하게 해주며 위점막을 보호하고 세포가 재생하는 것을 도와주며 스트레스로 인한 소화불량, 속쓰림, 위산 역류 등의 증상개선에 도움을 줍니다.

무는 강력한 거담작용으로 가래가 생기고 기침을 멎지 않는 경우 도움이 됩니다. 또한 상기된 신체 기운을 내려주는 작용을 해서 얼굴과 머리에 열기가 많아 생기는 증상에도 무를 갈아서 무즙으로 먹으면 좋습니다. 무는 탄수화물 소화효소가 들어있어 해독작용을 하는데도 도움을 줍니다. 그래서 해독주스를 만들 때 필수적입니다.

양파에 포함된 퀴세틴 성분은 콜레스테롤의 산화를 억제하는 효과가 있습니다. 산화된 콜레스테롤은 혈관에 쌓여 혈관을 좁게 만드는데 퀴세틴 성분이 콜레스테롤이 쌓이지 않게 도움을 주기 때문에 혈관 건강에 좋습니다. 이 퀴세틴 성분은 양파 알맹이보다 껍질에 30배 이상 많이 함유되어 양파껍질을 버리지 말고 따로 모아 밥을 지을 때 채수로 활용하면 좋습니다. 또한 항산화 성분과 칼륨이 많아 혈압을 정상화해주고 혈액이 원활하게 흐르도록 도와주어 지방이 많은 음식을 먹거나 뇌졸중, 고혈압, 고지혈증이 있다면 양파를 많이 먹는 것이 좋습니다.

견과류 호두, 잣, 은행, 땅콩, 캐슈넛, 피스타치오

견과류는 딱딱한 껍질 속에 씨앗이 들어있는 형태로, 그 안에는 농축된 에너지, 생명력이 들어있으므로 새 생명을 창조하는 효능이 있습니다. 농축된 에너지를 음양오행에서는 수의 에너지로 봅니다. 따라서 몸에서 진액이 새어 나가는 것을 막아주며 출혈, 여성의 냉대하, 잦은 설사 등의 증상에 도움이 되고 동시에 딱딱한 변비가 잘 나가도록 도움을 주는 이중 작용을 합니다. 영양 면으로 보면 불포화지방산, 단백질, 비타민 E 등이 풍부하여, 콜레스테롤과 혈당을 떨어뜨리고 심장질환과 뇌졸중을 예방하는 효과, 노화를 억제하는 효과, 면역력 강화에 효과가 있습니다

이렇게 좋은 견과류는 종류마다 또 다른 효과도 가지고 있습니다. 견과류의 모양을 보고 성질을 유추하여 나의 체질, 증상에 맞게 활용하시면 됩니다. 크게 보면 홀수나 하나의 모양을 가진 것은 따뜻한 성질로 호두, 잣, 은행, 호두 등이 있고, 짝수나 나누어진 모양을 한 것은 서늘한 성질로 땅콩, 캐슈너트, 피스타치오 등이 있습니다. 따라서 몸이 냉하고 대변이 묽고 설사하는 사람, 맥주와 같은 차가운 음료를 먹을 때에는 따뜻한 성질의 견과류를 먹으면 좋습니다. 이런 식으로 상황에 맞게 다양한 방법으로 응용해 보시기 바랍니다.

호두는 성질은 따뜻하고 신장을 보강하는 효능이 있습니다. 따라서 신장과 연결된 기관인 허리, 뼈, 소변, 귀, 머리카락 등으로 문제가 있을 때 호두를 섭취하면 좋습니다. 기억력, 학습력, 집중력을 높이는 작용이 있어 수험생들에게도 좋은 간식이 됩니다.

잣은 불로장생하는 음식, 신선이 먹는 음식으로도 알려져 있는데, 이유는 몸의 근본 에너지를 채워주기 때문입니다. 따라서 잣을 장기간 복용하게 되면 몸이 가벼워지고 오장이 윤택해지며 무병장수의 효능을 나타냅니다. 영양학적으로는 리놀렌산의 성분이 들어있어 비만을 예방하며 심신을 강화하는 효과가 있습니다. 또한 수술 후, 허약하고 기가 약한 사람에게 도움이 되기 때문에 환자식으로 잣죽을 먹으면 좋습니다.

은행나무는 지구상에 사는 식물 중 가장 오래된 식물이라고 알려져 있습니다. 또한 곰팡이와 벌레 등이 꼬이지 않는 것으로 유명하며 탁한 대기 속에서도 잘 견디는 성질로 강력한 해독 효과를 알 수 있습니다. 한방에서는 은행 씨앗을 '백과'라고 부르며 폐와 기관지의 진액을 보충하고 바이러스의 침입을 막으며 기관지의 염증이나 만성적인 기침이 날 때, 자주 숨이 찰 때 사용합니다.

땅콩은 당뇨병, 고혈압, 동맥경화 등 콜레스테롤이 높을 때 도움이 되며 강력한 항산화 작용을 해서 항바이러스, 항염 및 신경 보호, 치매를 예방하는 효과가 있습니다. 특히 땅콩껍질에는 폴리페놀을 비롯한 영양성분이 많으므로 껍질째 먹는 것이 더 도움이 됩니다. 열체질일 때 땅콩을 식초에 재운 초절임은 혈관 건강에 도움을 주고 자주 근육이 뭉치고 어깨결림, 담 결린 증상에도 효과가 있습니다.

캐슈너트는 콜레스테롤 수치를 낮춰주며 심혈관계질환을 예방하고 섬유소가 풍부해 다이어트에 좋습니다. 또한 캐슈너트에 포함된 유산균은 변비 개선을 돕고 피부열, 피부의 건조함, 두드러기 증상 등 피부 컨디션에 도움을 주어 피부를 좋게 합니다.

피스타치오는 은행만큼이나 오래된 견과류 중 하나입니다. 견과류 중에서 지방 함량이 가장 낮아 칼로리가 적습니다. 게다가 포만감을 주어 과식하지 않도록 도와주는 다이어트에 좋은 견과류입니다. 물론 영양성분도 빠지지는 않습니다. 단백질 함량이 가장 높은 견과류 중 하나이며 불포화지방산이 많이 들어 있어 콜레스테롤을 줄여줍니다. 또한 혈당 수치와 인슐린 수치를 감소시켜 주고 항산화 물질도 많아 노화 방지 효과도 뛰어납니다.

이렇게 건강에 좋은 견과류를 섭취할 때 주의해야 할 점이 있습니다. 바로 견과류의 산패입니다. 견과류의 껍질을 벗겨 상온에 보관하게 되면 아플라톡신이라는 독소가 생길 수 있는데 이는 암을 유발하는 독성물질로 알려져 있습니다. 따라서 견과류를 구매할 때는 황잣처럼 껍질이 있는 것을 사거나 생견과류를 사서 밀봉해 냉장이나 냉동 보관을 하는 것이 좋습니다.

두통, 어지럼증에
마양배추오븐구이

재료

양배추 200g, 마 100g, 대파 1대, 마늘 3개, 소금·후추·오일 약간

캐슈너트 소스

캐슈너트 1/4C, 매실청 1.5T, 설탕 2t, 소금 3/4t, 두유 1C

만드는 법

1. 마는 깨끗이 씻어 껍질을 벗기지 않고 0.5cm 두께로 썬다. 양배추는 1cm 두께로 썬다.
2. 대파는 송송 썬다. 마늘은 편으로 썬다.
3. 믹서에 캐슈너트 소스를 넣고 곱게 간다.
4. 팬에 기름을 살짝 두르고 대파, 마늘을 넣고 향이 올라오도록 볶은 후 분량의 소스 재료를 넣고 소스 농도로 끓인다.
5. 오븐팬에 마, 양배추를 담고 소금, 후추를 뿌린 다음 오일 스프레이를 뿌린다.
6. 200도에서 20분 정도 굽는다
7. 접시에 소스를 담고 마, 양배추를 올린다.

요리팁 ▸

마는 채소솔로 깨끗이 씻어 껍질째 사용하며, 마의 끈적한 성분이 부담스러운 경우 구워서 먹으면 도움이 됩니다. 반대로 양배추만 굽고 마는 생으로 먹는 것도 좋습니다. 굽는 법 이외에도 소화력이 약한 경우 찜으로 조리법을 바꾸어도 좋습니다.

채소 약성

봄철에는 식욕부진과 함께 소화계통 질환도 잘 생기는데 그런 증상에 아주 좋은 양배추, 마는 비위와 간의 기능을 동시에 돕는 식재료입니다.

70세까지 장수한 양생법의 대가 퇴계 이황이 가장 사랑한 본초가 마라고 하며, 한의학에서는 마의 겉껍질을 벗겨 말린 것을 '산약' 이라고 해서 약재로 사용합니다. 그래서 마의 경우 껍질을 벗기지 말고 요리하시길 추천합니다. 또한 마는 산속의 장어라는 별명이 있듯 천연 강장 효능이 있으며 증상별에 따라 추가되는 식재료로 궁합을 맞추어 요리하면 건강에 큰 도움이 됩니다. 마는 소화기를 건강하게 만드는 대표적 식재료로 마의 끈적한 성분인 뮤신이 위를 보호하고 풍부한 식이섬유와 함께 장내 유익균을 증진하게 시켜 내장암의 예방과 치료를 돕습니다. 또한 호흡기질환에 도움이 되며 몸과 마음의 면역에 많은 도움이 됩니다. 이 외에도 머리를 맑게 해주며 기억력, 학습 능력을 증진하게 시켜주는 콜린 성분이 많이 들어있어 수험생이나 갱년기 증세, 치매를 앓는 분들에게도 좋은 식재료가 됩니다.

껍질과 알맹이

식물은 자체적으로 음양의 조화를 이루고 있습니다. 껍질은 양이고 알맹이는 음으로 조화를 이루고 있는데 미각과 시각을 위해 껍질을 도정하고 탈색해버리면 식물 고유의 에너지 균형이 깨져 한쪽으로 치우친 상태가 됩니다.

껍질과 알맹이의 작용력을 살펴보면 사법과 보법으로 나눌 수가 있는데요. 사법의 작용력을 가진 것은 껍질입니다. 사법이란 비우고 보호하는 작용을 의미하는데, 식물의 껍질은 식물을 지키는 갑옷으로 자기 보호 작용과 해독작용이 강합니다. 따라서 껍질은 우리 몸의 피부를 보호하고 면역력과 독소, 노폐물을 배출하는 작용을 합니다.

반대로 알맹이의 작용력은 수렴하고 응축하는 보법으로 오장과 기혈수를 채워주는 역할을 합니다. 몸의 에너지를 많이 사용하여 과로한 경우, 에너지를 보충하는 작용을 하는 것이지요. 따라서 껍질을 벗기고 알맹이만 먹으면 끌어모으는 보법 작용이 지나쳐 살이 찌고 몸 안의 노폐물, 독소 배출의 문제가 생겨 비만, 성인병에 시달릴 수 있습니다.

또한 식물의 껍질은 식이섬유가 풍부하여 몸 안의 찌꺼기와 노폐물을 흡착해 몸 밖으로 내보내는 중요한 작용을 해서 혈관 청소와 혈당조절의 역할을 합니다. 현대인의 병인 만성염증과 변비 증상에 도움이 되는 성분이 주로 껍질에 많은 것입니다. 따라서 음양의 조화상태 그대로의 통곡물, 껍질째 먹는 채소, 과일 등은 식물이 가지고 있는 빛과 물인 비타민과 미네랄을 우리에게 주고 몸 밖으로 나갈 때는 식이섬유로 몸 안의 찌꺼기와 노폐물을 청소하여 나가게 해주는 것입니다. 이렇게 건강하게 채우고 비우는 식습관은 식물의 음양을 조화롭게 먹을 때 가능합니다. 따라서 이 책에 나오는 것처럼 되도록 껍질을 버리지 말고 어렵다면 다양한 조리 방법을 생각해 껍질과 알맹이를 함께 섭취해 건강에 도움이 되었으면 좋겠습니다.

소화를 돕는
양배추물김치

재료

양배추 10장, 무 100g, 쪽파 한 줌, 미나리 한 줌, 깻잎 3장, 고추 3개, 당근 한 토막, 비트즙 1T

양념

배 1/4개, 사과 1/4개, 매실청 3T, 천일염 3T, 한식간장 1T, 다진 생강 1T, 비트즙 1T, 찹쌀풀 1/2C, 채수 7C

찹쌀풀

채수 2C, 찹쌀가루 4T

채수

다시마 10×10cm 2장, 청각 약간, 생수 7C

만드는 법

1. 양배추는 깨끗이 씻은 후 3×4cm 크기로 썬다.
   무는 나박나박 썬다.
   쪽파, 미나리는 지저분한 잎을 떼고 2cm 크기로 썬다.
   당근은 납작하게 썬다.
   고추는 어슷하게 썬다.
   깻잎은 2cm 두께로 썬다.
2. 믹서기에 양념을 넣어 곱게 간다.
3. 냄비에 찹쌀풀 재료를 넣고 잘 섞은 후 불 위에서 잘 저어 요거트 농도가 되도록 끓인 다음 차게 식힌다.
4. 볼에 양배추, 무, 미나리, 당근, 쪽파, 고추를 넣고 채수 7C, 양념을 넣고 실온에서 익힌다.

요리팁 ▸

김치의 찹쌀풀은 유산균이 잘 자라게 하도록 넣는 재료입니다. 이 찹쌀풀의 경우 체질과 상황에 맞게 다른 재료를 적절히 사용해 응용하면 건강에 더욱 도움이 됩니다. 예를 들면 신장이 약하다면 흑미로, 여름의 경우에는 보리를 재료로 만들어 사용하면 좋습니다.

06

독소를 내보내는
강된장과 양배추쌈밥

재료

양배추 1/4통, 깻잎 15장, 양파 60g, 표고버섯 2개, 홍고추 2.5개, 쌀 1.5C

쌈장 소스

된장 1.5T, 고추장 1T, 들깻가루 1T, 채수 1/2C

만드는 법

1. 깻잎은 깨끗이 씻어 꼭지 부분을 잘라낸다.
2. 양배추는 물에 담가 깨끗이 씻은 후 심지 부분을 잘라낸다.
3. 찜통에 김이 오르면 양배추를 넣고 11분 정도 찐 후 소쿠리에 넣어 한 김 식힌다.
4. 양파, 고추는 다진다. 표고버섯은 기둥을 떼고 다진다.
5. 달군 팬에 기름을 두르고 양파, 표고버섯, 고추를 넣고 볶는다. 그런 다음 쌈장 소스를 넣고 볶다가 채수를 넣어 조린다.
6. 쌀은 깨끗이 씻어 체에 밭쳐 30분 정도 불린다.
7. 냄비에 쌀과 동량의 물을 넣어 밥을 짓고, 물이 끓어오르면 약불로 15분 정도 끓인 후 불을 끄고 뜸을 5분 정도 들인다.
8. 찐 양배추 위에 깻잎을 깔고 적당량의 밥을 올려 돌돌 만 후 쌈장 소스를 곁들인다.

요리팁 ▸

양배추의 아삭한 식감을 원하면 찌는 시간을 10분 이내로 하는 것이 좋습니다. 이렇게 찌면 겉은 아삭하고 속으로 갈수록 부드럽고 단맛이 나게 됩니다.

쌈밥으로 양배추 이외에도 다양한 잎채소를 사용할 수 있습니다. 열체질의 경우 쓴맛이 나는 곰취, 아욱으로 만들거나 디톡스가 필요할 때에는 케일, 생다시마로 그리고 한여름에는 오이를 활용하거나 생식의 조리법을 이용하는 것도 좋습니다.

07

봄의 생명력
두릅솥밥

재료

두릅 120g, 멥쌀 1.5C, 찹쌀 0.5C, 고추 1/2개

두릅 양념

간장 1/2T, 들기름 2t

양념장

한식간장 1T, 들기름 1t, 빻은 참깨 1t, 다진 고추 1/2개

만드는 법

1. 두릅은 깨끗이 씻어 밑동은 잘라낸 후 반을 가른다.
2. 끓는 물에 두릅을 살짝 데쳐 물기를 제거한 후,
   볼에 두릅 순 양념을 넣고 버무린다.
3. 고추는 꼭지를 떼고 다진다. 그런 다음 분량의 양념과 고추를 넣어 양념장을 만든다.
4. 쌀은 깨끗이 씻어 체에 밭쳐 30분 정도 불린 후 솥에 쌀, 두릅을 넣고 밥을 짓는다.
   물이 끓어오르면 불을 줄여 약불에서 15분 정도 끓인 후, 불을 끄고 5분 정도 뜸을 들인다.

요리팁 ▸

두릅을 무침으로 먹는 경우 40초~1분 정도 데치며 건져서 만져보았을 때 말랑하면 건집니다. 두꺼운 부분이 있으면 반을 잘라서 데치면 익는 속도가 비슷해집니다.

채소 약성

딱딱한 씨앗의 껍질을 뚫고 나오는 봄의 '순'은 상승작용인 목의 에너지를 담고 있어 기운을 끌어 올리는 작용을 합니다. 그 많은 봄의 순 중에서 많은 영양소를 함유한 두릅은 사포닌도 풍부해 면역력을 강화해주며 해독작용 즉 노폐물과 몸속 독소를 배출하여 피로 해소에 탁월한 효능이 있습니다.

08

몸이 무거운 날 취나물솥밥

재료

취나물 70g, 쌀 1.5C, 찹쌀 0.5C, 쪽파 약간

취나물 양념

간장 1/2t, 들기름 1/2t

양념장

다진 쪽파 2T, 한식간장 1T, 빻은 참깨 2t, 참기름 1t

만드는 법

1. 취나물은 시든 잎은 손질하고 끓는 물에 살짝 데친 후 체에 밭쳐 물기를 빼고 꼭 짠다. 그런 다음 먹기 좋은 크기로 썬다.
2. 볼에 취나물 양념을 넣고 조물조물한다.
3. 쌀은 깨끗이 씻어 체에 밭쳐 30분 정도 불린다.
4. 쪽파는 송송 썬 후 분량의 양념장 재료를 넣고 섞은 다음 쪽파를 넣어 양념장을 완성한다.
5. 솥에 쌀, 동량의 물, 취나물을 올려 밥을 짓는다.
   물이 끓어오르기 시작하면 약불에서 15분, 불을 끈 후
   5분 정도 뜸을 들인다.

요리팁 ▸

취나물의 향을 즐기기 위해서는 최대한 짧게 데치는 것이 중요합니다. 특히 솥밥으로 할 때는 데치는 시간이 2~3초면 충분하며 물기를 꼭 짜는 것이 좋습니다.

철분결핍, 빈혈, 어지럼증, 골다공증, 변비 등의 증상이 있을 때에는 건취나물이 더 좋습니다. 건나물로 조리할 때에는 식이섬유가 풍부하기 때문에 충분히 볶은 후 밥에 넣는 것이 좋습니다.

향긋한 향 잡채

취나물양송이잡채

재료

취나물 100g, 당면 70g, 마늘 5~6개(17g), 양송이버섯 5개

양념

한식간장 1.5T, 조청 1T, 설탕 1T, 참기름 1t, 후추 약간, 채수 1/4C

만드는 법

1. 취나물은 깨끗이 씻고, 질긴 줄기는 손질한 후 1분 정도 데친다.
2. 양송이버섯의 기둥은 떼고 4등분으로 썬다.
3. 당면은 찬물에 30분 정도 불린 후 체에 밭친다.
4. 마늘은 다진 후 달군 팬에 기름을 두르고 볶아 마늘 향이 올라오면 불린 당면과 양념을 넣어 고루 젓는다.
5. 4번의 팬에 취나물, 양송이버섯을 넣고 조금 더 윤기 나게 볶는다.

채소 약성

양송이버섯은 버섯 중에서도 단백질 함량이 가장 높은 버섯으로 성장기 아이들, 고령층에게 필요한 단백질을 보충하기 위해 좋은 식재료입니다. 그리고 단백질 소화효소가 많이 들어있어 소화를 돕는 작용도 합니다. 양송이버섯은 흰색으로 폐, 대장의 기능을 돕기 때문에 면역력과 호흡기질환에 좋은 식재료이기도 합니다. 따라서 아침, 저녁의 온도 차가 심한 날씨 미세먼지, 황사가 심한 날씨에 양송이버섯을 활용하여 반찬을 만들면 도움이 됩니다.

배탈 났을 때

양송이버섯달래구이

재료

양송이버섯 6개, 달래 한 줌

달래 양념장

다진 달래 3T, 한식간장 1t, 고춧가루 1t, 설탕 1t, 들기름 1t, 빻은 참깨 1/2t

만드는 법

1. 양송이버섯은 종이행주로 먼지를 닦아낸 후 기둥을 떼어낸다.
2. 달래는 송송 썬다. 그런 다음 분량의 달래 양념장 재료를 넣고 고루 섞어 양념장을 만든다.
3. 달군 팬에 기름을 두르고 양송이버섯을 앞뒤고 굽고 달래 양념장을 올려 완성한다.

요리팁 ▸

양송이버섯은 한 면이 거의 다 익으면 뒤집어서 달래양념장을 넣고 센 불에서 빠르게 굽습니다.

채소약성

달래는 따뜻한 성질로 매운맛이 나며 항균, 항산화, 항암 효능이 있습니다. 생으로 먹을 때 항균 작용, 항산화 작용이 더 극대화되기 때문에 되도록 생으로 먹는 것이 좋습니다. 달래의 매운맛과 향은 알리신 성분을 가지고 있기 때문인데 알리신 성분은 원기 회복과 자양 강장 효과가 있어 목이 따끔거리고 몸이 오슬오슬 추울 때 먹으면 도움이 됩니다.

얼굴빛이 창백할 때
참나물당귀들깨무침

재료

참나물 70g, 잎당귀 한 줌, 홍고추 1/2개

들깨 양념

들깻가루 1T, 식초 1/2T, 매실청 1/2T, 한식간장 2t, 고춧가루 1t, 참기름 1t

만드는 법

1. 참나물, 잎당귀는 깨끗이 씻어 물기를 제거하고 먹기 좋은 크기로 썬다(잎당귀는 조금 더 작은 크기로 썬다).
2. 볼에 분량의 소스를 고루 섞고 들깻가루는 마지막에 넣는다.
3. 그릇에 채소를 담고 소스를 끼얹는다.

채소 약성

당귀는 동의보감에서 가장 많이 사용된 약재인데 500회 이상 언급되어있습니다. 특히 여성호르몬 조절에 영향을 주어 월경불순, 생리전증후군, 월경통증 등 여성에게 도움을 주는 식재료입니다. 그 중 당귀의 잎은 보혈, 조혈작용을 하며 혈류를 증가시키는 효능이 있어 피부가 창백하거나 심장 활동 항진, 과호흡, 두통, 피로감, 수족냉증, 영양결핍 등에 도움이 됩니다. 당귀잎의 억센 줄기는 채수를 끓일 때 활용하거나 찜을 할 때 함께 넣으면 향도 좋고 약성에도 좋습니다. 당귀의 뿌리는 천연항생제로 항염, 항균, 항암 작용을 하므로 염증이 있을 때 적절히 사용하면 도움을 받을 수 있습니다.

들깨는 따뜻한 성질로 원활한 혈액순환에 큰 도움을 주며 병중이거나 회복기의 환자 죽을 쒀서 먹기에 좋은 보양식으로 자주 이용합니다. 특히나 들깨에는 연어의 200배가 넘는 오메가 3와 알파리놀렌산이 풍부해 혈전을 방지해 혈관 청소에 도움이 되어 심장의 문제, 혈관의 문제가 있는 분께 좋은 식재료이기도 합니다. 또한 한의학에서 사람의 정신과 사고 활동은 심장이 주관한다고 보는데 심장에 좋은 들깨는 마음을 편안하게 하는 작용을 해 갱년기의 기분 변화가 잦은 증상에도 도움을 줄 수 있습니다.

해독의 왕

녹두약선솥밥

재료

현미 2C, 녹두 1/4C

약선채수

물 1.5L, 미나리 한 줌, 국화 2g

만드는 법

1. 물 1.5L에 미나리 한 줌, 국화를 넣고 물이 끓기 시작하면 약한 불로 줄여 30분 정도 끓인다.
2. 녹두는 깨끗이 씻어 체에 밭친다.
3. 현미는 쌀눈이 떨어지지 않도록 살살 흔들어 씻는다. 그런 다음 동량의 약선채수, 녹두를 넣고 압력밥솥으로 밥을 짓는다. 추가 소리를 내면 2~3분 후 약불로 줄이고 30분 후 불을 끈 다음, 추가 내려가면 뚜껑을 연다.

채소약성

녹두는 혈압을 낮추거나 피로 해소에 좋은 효과를 나타냅니다. 또한 해독을 돕는 대표적인 식재료여서 체내의 독성물질을 배출시키는 효과가 뛰어나기 때문에 예전부터 민간요법으로 종기 난 자리에 녹두 삶은 물을 발라 종기를 삭이거나 열을 풀어주기도 했습니다. 따라서 피부 이상이나 몸의 염증 등으로 문제가 있을 때는 녹두를 중심으로 식단을 짜면 좋습니다. 특히 녹두의 껍질에 있는 피텍신, 이소비텍신 성분은 항산화 작용을 하여 노화를 촉진하는 활성산소를 제거하며 노화 방지에 도움을 줍니다. 그래서 껍질만으로 차를 끓여 먹거나 위의 레시피처럼 녹두, 국화를 넣고 약선채수를 끓여 밥을 만들어 먹으면 건강에 좋습니다.

발암물질 해독
쑥콩가루된장국

재료

쑥 150g, , 생표고버섯 2~3개, 생콩가루 3T, 채수 5C

양념

한식간장 1.5T, 된장 1T, 소금 약간

쑥 새알심

쑥 50g, 찹쌀가루 2T, 멥쌀가루 2T, 참기름 1t, 쑥 데친 물 2T

만드는 법

1. 쑥(50g)은 끓는 물에 살짝 데쳐 물기를 짜고 다진다.
2. 생표고버섯은 밑동을 제거해 모양대로 썰고 고추는 송송 썬다.
3. 볼에 데친 쑥과 찹쌀가루, 멥쌀가루, 쑥 데친 물을 넣어 되직하게 반죽해 작게 새알심을 만든다.
4. 볼에 쑥 100g, 생콩가루 3T를 넣고 버무린다.
5. 냄비에 들기름(1T)을 두르고 표고버섯을 볶는다. 그런 다음 채수를 부어 끓인 후 양념한다.
6. 5번의 냄비에 콩가루에 버무린 쑥을 넣고 2분간 젓지 않고 그대로 끓인다.
7. 쑥 새알심을 넣고 조금 더 끓여 고추를 넣고 마무리한다.

요리팁 ▸

콩가루 대신 들깻가루를 넣으면 더 부드러운 쑥국을 만들 수 있습니다.

채소 약성

쑥은 여성에게 좋은 식재료로 옛날부터 생리통, 복부냉증, 자궁 건강 등 여성질환의 사용되는 약초로 많이 사용되어왔습니다. 쑥의 따뜻한 성질은 배꼽과 배 부위가 찬 분들께 도움이 되기 때문인데요. 이 외에도 쑥의 쓴맛은 심장의 화나 열을 식혀주는 작용을 하여 신경이 날카로워지고 감정 기복이 심할 때 사용하면 좋습니다.

혈압이 고민일 때
방풍나물견과류무침

재료

방풍나물 300g, 홍고추 1/2개, 잣 1t, 참깨 1t

양념

고추장 1T, 잣 1T, 된장 1/2T, 한식간장1t, 참기름 1t, 고춧가루 1/3t

만드는 법

1. 방풍나물은 억센 줄기를 정리하고 깨끗이 씻는다.
2. 물이 끓으면 방풍나물을 넣고 1분 30초 정도 삶은 다음 찬물에 헹궈 물기를 짠다.
3. 잣은 굵게 다진다. 분량의 양념 재료를 넣고 섞은 후 방풍나물, 잣을 넣고 무친다.
4. 고명으로 잣과 참깨를 섞어 뿌린다.

요리팁 ▸

고명으로 다양한 색과 맛을 더해 연결된 장부의 기능을 돕거나 영양을 보충, 체질과 증상에 따라 다양하게 사용할 수 있으므로, 레시피에 얽매이지 말고 필요한 재료를 활용하면 좋습니다.

채소약성

방풍나물은 풍을 방지한다고 해서 방풍나물이라는 이름으로 불렸다고 합니다. 예부터 추운 날씨에 바닷바람을 맞으며 배를 타야 했던 어부들이 얼어붙은 몸을 풀기 위해 찾아 먹었다고도 합니다. 그래서 방풍의 뿌리는 모든 감기 처방에 빠지지 않는 약재입니다. 항염 및 진통 효과가 뛰어나 몸살감기, 관절통, 근육통의 증상이 있을 때 방풍나물을 먹으면 좋습니다. 또한 방풍나물의 루틴, 쿠마린 성분은 모세혈관을 튼튼하게 해주며 혈류를 깨끗하게 하고 콜레스테롤을 낮추어주는 기능을 하기도 합니다.

봄철 식곤증
시금치잣죽

재료

잣, 캐슈너트 1/4C, 시금치 3뿌리, 올리브·대추, 쌀 1/2C, 두유 1C

양념

천일염 2/3t

채수

시금치 50g, 물 1C

만드는 법

1. 쌀은 깨끗이 씻어 30분 이상 불린다.
2. 잣, 캐슈너트를 마른 팬에 볶는다.
3. 믹서에 쌀, 잣, 캐슈너트와 물 2C을 넣고 간다.
4. 시금치는 깨끗이 씻어 믹서에 물 1C을 함께 넣고 갈아 채수를 만든다.
5. 냄비에 3을 넣고 두유 1C을 추가하여 죽을 쑤다가 채수를 넣어 반죽의 되기를 맞춰간다. 25분 정도 끓이고 천일염으로 간을 하여 마무리한다.
6. 올리브, 대추, 잣을 다져 고명으로 올린다.

요리팁 ▸

환자식으로 위에 부담 없이 먹기 위해서는 미음형태가 도움이 됩니다. 믹서에 쌀을 더 곱게 갈고 물은 10배정도 부어 만들면 됩니다.

16

몸이 찌뿌둥할 때

깻잎나물김무침

재료

깻잎나물 200g, 김 3장

양념

빻은 참깨 1T, 죽염 1t, 매실청 1t, 참기름 1t

만드는 법

1. 깻잎나물은 억센 줄기는 잘라내고 깨끗이 씻는다.
2. 끓는 물에 깻잎나물을 넣고 살짝 데친다. 그런 다음 물기를 꼭 짠 후 먹기 좋은 크기로 썬다.
3. 마른김은 봉지에 넣어 부순다.
4. 볼에 분량의 양념 재료를 넣고 먼저 깻잎나물을 넣어 무친 다음 김을 넣고 마지막으로 참기름과 빻은 참깨를 넣는다.

채소 약성

김은 베타카로틴이 풍부해 눈 건강에 도움을 주어 야맹증을 예방하고 눈이 건조해지지 않도록 도와주는 역할을 합니다. 또한 김에 풍부한 수용성 식이섬유인 포피란 성분은 노폐물과 중금속을 배출하고 혈청과 간의 콜레스테롤 함량을 낮춰주며 나트륨을 배출해주기 때문에 혈압을 안정적으로 낮추어주는 작용을 합니다.

깻잎은 철분이 많다고 알려진 시금치보다 2배나 높은 철분을 함유하고 있습니다. 게다가 깻잎의 어린순의 경우 단백질이 풍부해 성장과 빈혈 예방에 좋습니다. 그래서 평소 힘이 없고 어지럼증, 두통이 있는 경우나 성장기 어린이에게도 좋은 밥반찬이 될 수 있습니다.

기력보충
표고감자조림

재료

생표고버섯 3개, 감자 2개, 솔부추 약간

양념

조청 1.5T, 한식간장 1T, 된장 1t, 참기름 1t, 다진 생강 1/2t, 채수 1/2C

만드는 법

1. 감자는 껍질째 깨끗이 씻어 큐브 모양으로 썬다.
   표고버섯은 기둥을 떼고 같은 크기로 썬다.
   솔부추는 송송 썬다.
2. 냄비에 양념장을 넣고 감자, 표고버섯을 넣은 후 불을 켠 다음 끓어오르면 불을 줄여 뒤적거리며 15~20분 정도 졸인다.
3. 참기름을 넣고 마무리한다.
4. 접시에 표고감자조림을 담고 고명으로 솔부추를 올린다.

채소약성

동의보감에 따르면 **표고버섯**은 독이 없는 재료로 기를 잘 통하게 해서 식욕을 돋우거나 구토와 설사를 멎게 하는 작용을 한다고 되어 있습니다. 표고버섯의 검은색과 짠맛은 신장 방광에 좋은 작용을 하는데 죽염을 더해주면 궁합이 좋습니다. 특히 햇빛에 말린 표고버섯의 경우 현대인에게 부족하기 쉬운 비타민 D를 풍부하게 함유하고 있어 뼈를 튼튼히 하고 골다공증을 예방하는 데 도움을 줍니다.

감자는 체내 나트륨을 배설시키는 칼륨이 풍부한 대표적인 구황작물로 비타민 C와 필수아미노산도 풍부하여 스트레스와 피로 해소에 도움을 줍니다. 비타민 C는 대표적인 항산화물질로 노화를 부르는 활성산소로부터 몸을 보호하는 효능이 있습니다. 또한 아르기닌 성분이 들어 있어 위궤양, 위출혈 등 속이 쓰린 사람에게 좋은 식재료로 감자를 빈속에 먹으면 위점막을 보호하면서 상처를 회복하는 효과를 볼 수 있습니다.

비 오는 날 먹는
미나리찹쌀전

재료

미나리 100g, 홍고추 1개

반죽

통밀가루 2T, 찹쌀가루 1T, 전분가루 1T, 소금 약간, 물 1/4C

초간장

한식간장 1T, 참기름 1t, 참깨 1t, 홍고추 1/2개

만드는 법

1. 미나리는 억센 줄기를 잘라내고 상한 잎을 떼어낸 후 5cm 크기로 썬다.
2. 홍고추는 송송 썰어 준비한다.
3. 볼에 반죽을 넣고 고루 섞는다.
4. 달군 팬에 기름을 두르고 미나리를 올린 후 반죽을 한 수저씩 떠넣어 앞뒤로 노릇하게 굽는다.

요리팁 ▸

미나리는 연하기 때문에 반죽을 얇게 만들어 앞뒤로 살짝만 구워냅니다.

채소약성

미나리의 자라는 환경을 보면 더러운 물에서도 참 잘 자라는데요. 미나리는 안이 빈 모양으로 물가에서 자라기 때문에 물을 빼는 능력과 정화하는 능력이 뛰어납니다. 이런 미나리의 주특기는 혈액을 맑게 하는 작용입니다. 미나리는 간의 해독기능을 도와 몸 안의 독소를 배출하고 특히 중금속을 배출하는 작용이 뛰어나 혈압을 내리고 콜레스테롤 수치를 떨어뜨립니다. 복어탕에 미나리를 넣어 먹거나 숙취 해소를 위해 해장국에 미나리를 넣은 먹는 것을 생각하면 미나리의 해독작용을 잘 이해할 수 있습니다.

봄을 알리는
시금치봄동팽이버섯무침

재료

봄동 200g, 시금치 50g, 팽이버섯 1/2봉지, 고추 1/2개

양념

한식간장 2T, 고춧가루 1.5T, 매실청 1.5T, 들기름 1.5T, 다진 생강 2t, 빻은 참깨 2t, 설탕 2t, 소금 약간

만드는 법

1. 봄동, 시금치는 깨끗이 씻은 후 체에 밭쳐 물기를 제거한 후 먹기 좋은 크기로 썬다.
2. 볼에 분량의 양념을 넣고 고루 섞은 다음 봄동, 시금치, 팽이버섯을 넣어 가볍게 버무린다.
3. 접시에 시금치봉동팽이버섯 무침을 담고 참깨를 뿌린다.

요리팁 ▸

시금치의 검붉은 부분에는 철분이 많아서 잘라내지 말고 깨끗이 씻어서 함께 먹는 것이 좋습니다.

채소 약성

봄나물에는 간의 기운을 끌어올리는 작용과 몸과 마음의 활력을 주는 식재료가 많습니다. 특히 추운 겨울을 보내고 맞이한 봄의 전령사 **봄동**. 봄동은 펼쳐져 있는 모양을 하고 있는데, 그것을 보면 봄동의 작용력과 몸과 마음이 향하는 방향성을 알 수 있습니다. 즉 우리 몸에서도 간의 소설작용을 도우며 맺힌 것을 풀어주어 혈액의 흐름을 좋게 하는 작용을 합니다. 봄동은 영양학적으로는 비타민 A가 풍부해 눈의 피로 및 안구건조증 증상에 도움을 주며, 항염증 작용을 하여 봄의 알레르기, 춘곤증, 입맛 없음 등의 증상에 활용하면 좋습니다.

봄의 에너지를 담은
채소초밥

밥

재료

쌀 1C, 물 1C, 고추냉이 1t , 배합초(소금 1.5T,현미식초·설탕 1/2C씩)

만드는 법

1. 작은 냄비에 배합초 재료를 넣고 분량이 2/3정도 줄어들 때까지 졸인다.
2. 따뜻한 밥에 배합초 1T를 넣고 골고루 섞는다.
3. 손에 물을 충분히 묻히고 초밥을 한입 크기로 살짝 주물러 모양을 만든다.
4. 밥 위에 초밥 재료를 얹은 후 고명, 소스를 올린다. 각각 같은 방법으로 초밥을 만든다.

고명

재료

두부 1/4모, 꽈리고추 2~3개, 표고버섯 2개, 당근·연근 약간, 콩가루1t

만드는 법

1. 표고버섯은 기둥을 떼고 모양대로 썬다.
2. 당근, 연근은 0.3cm 크기로 얄팍하게 썬다.
3. 두부는 기둥 모양으로 썰어 소금을 뿌리고 10분 정도 절인 후 물기를 제거한다. 그런 다음 기름을 넉넉히 두른 팬에 두부를 바싹하게 튀긴다.
4. 꽈리고추는 콩가루에 버무린다.
5. 김이 오른 찜기에 젖은 면 보자기를 깔고 표고버섯, 당근, 연근, 꽈리고추를 올린 후 센 불에서 10분 정도 찐다.
6. 소스를 만들어 각각의 초밥에 올린다.
7. 당근은 겉면만 토치로 불맛을 낸다.

소스

카레마요 : 비건마요 1T, 카레 가루 1/4t

트뤼프솔트 : 트뤼프오일, 함초소금 약간씩

고추장마요 : 비건마요 1T, 고추장 1/2T

요리팁 ▸

두부는 구울 때 물기를 잘 제거하고 오래 구울수록 더 바삭해집니다.

채소약성

당근은 식용인삼으로 불릴 정도로 영양이 풍부하며 알칼리성식품으로 해독주스를 준비한다면 꼭 들어가야 할 채소입니다. 산성식품을 즐겨 먹는다면 음양의 조화를 맞추기 위해 당근요리를 많이 만들면 도움이 됩니다. 당근은 수분함량도 높은 채소이므로 갈증을 잘 느끼는 사람에게 도움 됩니다.

꽈리고추는 비타민 C가 풍부하게 들어있어 간 기능을 도우며 스트레스를 받아 매운맛이 당길 때 도움이 됩니다. 단백질 보충이 필요하면 콩가루를 버무린 조리법이 도움이 됩니다.

섭생은 자기 몸에 맞는 짝을 몸 밖의 세상에서 찾는 생활 태도로 부족한 것은 채우고 넘치는 것은 비워내는 것을 말합니다. 자기 자신과 상반되는 성질의 음식물과 환경, 활동을 스스로 찾고 선택적으로 받아들여 몸이 찌뿌둥한 날, 컨디션이 안 좋은 날을 스스로 날려버릴 수 있는 방법을 찾아 모색하는 능동적인 삶의 방식이 될 수 있습니다. 내 몸에 보이는 작은 신호를 알아차려 나에게 필요한 음식으로 대처하는 것으로 컨디션 관리를 시작해보면 어떨까요? 오색오미의 원리를 이용해 나에게 필요한 색을 채소초밥으로 만들어 응용해 봅시다.

여름 夏

5

수분과 비타민을 공급하다 여름의 채소로

여름 채식약선 섭생법

여름은 태양의 빛과 열의 에너지가 강한 시기라서 무더운 날씨가 지속됩니다. 이런 날씨 때문에 우리 몸의 열이 많아져 심장 기능이 지나치게 항진될 수 있습니다. 여름은 낮도 길고 밤이 짧아서 활동하는 시간도 상대적으로 많은 만큼 심장의 기운을 보충하는 섭생이 필요하지요. 또한 몸의 열기를 땀을 통해 배출하기 때문에 땀을 많이 흘리게 되어 수분이 부족해져 신장 기능도 떨어질 수 있습니다. 평소에도 몸에 열이 많은 사람, 땀을 많이 흘리는 사람은 여름을 특히 힘들어하기 때문에 이를 보충해줄 필요가 있습니다.

심장과 신장 기능을 강화해 줄 수 있는 맛과 색을 생각해봅시다. 특히 심장과 관련된 붉은색, 쓴맛, 담담한 맛은 심장의 기능을 도와주며 몸과 마음의 열을 식혀주는 작용을 합니다. 날씨 이외에도 평소 가슴의 울화, 울분, 스트레스가 많은 사람은 담담한 맛의 구멍이 뚫린 채소들, 예를 들면 죽순이나 연근 같은 재료들을 사용하면 몸과 마음의 열을 식히는 데 도움이 되기도 합니다. 특히 학생이나 두뇌 노동자들은 머리를 과도하게 많이 쓰기 때문에 머리가 뜨거워지기 쉬우며, 그럴 때 머리가 맑지 않으면 눈이 충혈되고 침침한 증상, 불면증이 생기기도 합니다. 머리를 맑게 하는 식재료는 향이 나는 식재료이므로 국화차, 박하차 등 향이 나는 차로 열을 식혀주고 머리를 맑게 해주며 반찬으로는 깻잎, 쑥갓, 고수, 방아잎 등 머리를 시원하게 해주는 식재료를 사용하면 도움을 받을 수 있습니다.

또한 열을 내려주는 찬 성질의 식재료인 잎이 넓은 잎채소, 수분이 많은 채소를 잘 먹게 되면 심장을 돕고 열을 내리는 해열 작용을 하여 여름철 도움이 됩니다. 여름 하면 생각나는 수박이 바로 대표적인 예이지요. 붉은색의 수분이 많은 수박은 찬 성질로 열을 식혀주고 수분을 보충해주며 과일의 단맛은 땀으로 나간 에너지를 보충해주는 작용을 합니다.

쓴맛과 수분이 많은 재료 이외에 같이 먹으면 좋은 것이 신맛입니다. 신맛은 수분과 진액을 보충해주고 열을 내려주는 일을 하므로 과일의 새콤한 맛이 살아 있는 레몬, 오미자, 구기자, 맥문동, 매실 등이 도움이 됩니다. 복잡한 조리법 없이 간단하게 셀러리나 레몬, 머위, 케일, 여주, 자몽 등을 활용해 디톡스 주스로 만들어 마시는 것도 좋습니다. 옛 선조들의 경우 여름에 물 대신 생맥산을 마시기도 했는데 생맥이란 말 그대로 '맥을 살린다'라는 의미의 말입니다. 기운이 없어 보일 때 '매가리가 없어 보인다'라는 말을 쓰는데 같은 맥락의 의미입니다. 이 생맥산의 주재료는 맥문동, 오미자, 인삼으로 되어 있는데 위에 말한 것처럼 신맛과 쓴맛을 이용한 음료입니다. 신맛과 쓴맛을 이용해 피로함을 풀고 진액을 보충해 여름철을 건강하게 보냈던 것입니다.

여름에는 차가운 성질의 곡류를 함께 섞어 밥을 지으면 도움이 되는데 보리, 귀리, 율무 등이 그것입니다. 그러나 너무 찬 음식만 먹으면 배탈이 날 수 있으므로 보양식으로 한 번씩 속을 데워주는 따뜻한 성질의 식재료로 식단을 구성하는 것도 필요합니다.

여름의 식재료

고추, 애호박, 풋고추, 가지, 오이, 감자, 열무, 상추, 깻잎, 케일, 머위, 방아잎, 콩잎, 옥수수, 차조기, 비름, 근대, 아욱, 호박잎, 풋콩, 늙은 오이, 양파, 마늘, 파프리카, 양배추, 비트

오행에서의 화는 태양의 빛과 열에너지를 뜻하고 계절로는 여름을 말합니다. 여름은 발산하는 에너지가 많은 시기인데 우리 몸에서 보면 심장이 우리 몸을 따뜻하게 만들며 뜨겁게 발산하는 기운과 화기를 뿜어내는 기능을 합니다. 즉 심장은 혈맥을 주관하여 전신에 혈액을 공급해 각 장부에 충분한 영양을 공급하는 일을 하는 것입니다.

심장의 상태를 볼 때 혈압의 안정도 살펴보지만, 마음의 안정도 살펴보는데요. 심장은 마음과도 연결되어 있기 때문입니다. 한의학에서 심장은 마음을 담고 있다고 하는데 마음 작용은 체온과 연관되며 심의 정서는 기쁨을 뜻합니다. 따라서 심장이 건강할 때는 몸과 마음이 이완되고 편안하고 안정된 느낌을 받으며, 양의 기운이 퍼져나가 활동적, 진취적으로 변화합니다. 화의 에너지가 많은 사람이 정열적, 화려함, 예술적 감각이 있으며 예의가 바르고 육감이 예민한 특징을 보이는 것이 이 때문입니다.

이러한 심장에 이상이 나타나면 심장의 통증, 답답함, 숨이 차고 목이 마르며 땀도 많아지게 되며, 여드름, 염증, 안면홍조, 심장성 고혈압의 증상이 생깁니다. 심장은 일정한 리듬으로 박동을 하는데 분노, 긴장, 흥분, 공포 등의 감정은 자율신경에 변화를 일으켜 심장이 과열될 때 입 마름 증상, 갈증을 많이 느끼게 되고 마음에도 조급함, 폭발 등이 생기며 숨도 깊게 안 쉬어지며 가슴의 답답함이 생기게 되는 것입니다. 만약 심장의 열증이 있는데 자극적인 음식, 캡사이신의 매운맛, 밀가루 음식을 자주 먹는다면 심장에 더 안 좋게 작용할 수 있겠지요. 따라서 심장에 좋은 식재료들을 잘 알고 현명하게 식단을 만든다면 건강에 큰 도움이 될 것입니다.

여름의 채소로 수분과 비타민을 공급하다.

01 비타민 보충 열무솥밥과 냉이양념장

02 염증에 좋은 청경채버섯된장국

03 스트레스로 가슴 답답한 날 깻잎찜

04 몸과 마음의 열을 식히는 씀바귀버섯무침

05 가뿐한 한 끼 샐러드 두부장비빔밥

06 답답한 변비 탈출 다시마전

07 덥고 습한 날씨 아욱유부된장국

08 피부를 촉촉하게 흑임자꽈리고추무침

09 얼굴이 자주 붉어질 때 치자버섯밥

10 디톡스 만두 케일근대만두

11 더위 먹었을 때 미나리죽순숙주샐러드

12 이뇨 작용을 돕는 우엉죽순오이냉채

13 차분하게 있고 싶은 날 죽순감자전

14 한 그릇 해독 수프 녹두단호박수프

15 몸과 마음의 열을 식히는 가지참외냉국

16 혈관 건강 가지강정치라시

17 디톡스 다이어트 치커리도토리묵샐러드

18 스트레스로 가슴이 답답한 날 통곡물샐러드

19 입맛 없을 때 당근라페샌드위치

20 심장의 기능을 돕는 연근연자육솥밥

01

비타민 보충
열무솥밥과 냉이양념장

재료

쌀 1.5C, 어린 열무 200g, 냉이 한 줌, 고추 1개

열무 양념

들기름 2t, 소금 1/2t

냉이 양념장

냉이 2T, 간장 1T, 들기름 1t, 다진 고추 1t, 참깨 1t, 고춧가루 1/2t

만드는 법

1. 열무는 깨끗이 씻고 열무에 붙어있는 무는 자른다.
2. 끓는 물에 데쳐 물기를 가볍게 짠 후 송송 썬다.
3. 볼에 분량의 열무 양념과 데친 열무를 넣고 조물조물 무친다.
4. 쌀은 깨끗이 씻어 체에 밭쳐 30분 정도 불린다.
5. 솥에 불린 쌀, 동량의 물, 열무를 넣고 밥을 짓는다. (중약불로 끓이다가 물이 끓으면 약불로 15분, 뜸 들이기 10분)
6. 냉이는 깨끗이 흔들어 씻어 잘게 썰고 고추는 다져 냉이 양념장을 만든다.

채소 약성

열무는 비타민 C가 사과의 10배정도 많고 신진대사 작용을 촉진하며 사포닌이 풍부해 면역력 강화에 도움을 주고, 칼륨도 풍부해 평소 짜게 음식을 먹는 습관이 있는 경우 도움을 받을 수 있습니다. 특히 사포닌 성분의 경우는 혈관 탄력성을 조절하는데에도 도움을 주기 때문에 평소 혈압이 높고 여름철 땀을 많이 흘리는 경우, 열체질인 경우 열무를 먹으면 건강에 좋습니다. 열무 한 단으로 열무밥, 열무나물무침으로 밥과 반찬을 함께 만들어 보면 어떨까요?

02

염증에 좋은 청경채버섯된장국

재료

청경채 200g, 무 150g, 느타리버섯 150g, 표고버섯 5개, 청양고추 2개, 홍고추 1개, 채수 6C

양념

재래된장 2T, 한식간장 2T, 천일염 1/3t

만드는 법

1. 청경채는 깨끗이 씻어 밑동은 자르고 세로로 썬 후 다시 가로로 썬다.
2. 무는 나박나박 썬다. 고추는 어슷하게 썬다.
3. 느타리버섯은 밑동을 자르고 손으로 가늘게 찢는다.
   표고버섯은 기둥을 떼고 모양대로 썬다.
4. 냄비에 들기름 1.5T를 두르고 무, 표고버섯, 느타리버섯을 넣어 충분히 볶은 후 채수를 넣고 20분 정도 끓인다.
5. 양념을 넣고 끓어오르면 청경채, 고추를 넣고 10분 정도 더 끓여 마무리한다.

요리팁 ▸

가을, 겨울에는 배추, 무 등 다양한 제철 채소로 된장국을 만드는 것도 좋습니다.

채소약성

청경채는 연하면서도 특별한 향이 없는데도 국에 넣으면 시원하다는 느낌이 들게 합니다. 그 이유는 사실 청경채가 허브의 일종이기 때문입니다. 청경채는 배추의 한 종류로 속을 시원하게 해주고 답답함을 풀어 헤쳐주는 효능이 있고 피를 맑게 해준다고 알려져 있는데 이는 청경채의 카페인 성분 때문입니다. 그래서 소화 기능도 개선해주고, 집중력에도 좋으며 체지방을 분해해 대사 속도도 높여주는 기능을 하는 것입니다.

03

스트레스로 가슴 답답한 날
깻잎찜

재료

깻잎 30장, 양파 50g

양념

한식간장 1T, 들기름 1T, 조청 1T, 고춧가루 2t

만드는 법

1. 깻잎은 깨끗이 씻어 물기를 털어낸다.
2. 양파는 가늘게 채를 썬다. 그런 다음 분량의 양념장을 만들어 양파를 넣는다.
3. 깻잎을 2~3장씩 놓고 양념을 올려 포갠다.
4. 냄비에 물 1T와 깻잎을 넣고 끓기 시작하면 약불로 10분 정도 찐다.

채소약성

깻잎은 칼슘이 풍부합니다. 깻잎 100g당 칼슘이 296mg 정도 함유되어있어 시금치의 7배나 된다고 알려져 있습니다. 또한 관절을 보호해주는 비타민 K도 풍부해 노년기의 골밀도가 낮아 발생하는 골다공증 같은 질환에 도움을 주며 성장기 어린이에게도 좋은 식재료가 됩니다. 다른 좋은 효능도 많지만, 치매가 증가하는 현대 사회에서 중요한 식재료로 주목받는 것이 깻잎입니다. 깻잎에 들어있는 로즈마린산은 뇌세포의 대사기능을 촉진해 기억력을 좋게 할 뿐만 아니라 뇌의 신경전달 물질인 아세틸콜린 분해를 억제하는 기전으로 치매 예방에 도움이 된다는 사실이 밝혀졌기 때문입니다. 깻잎은 독특한 향도 가지고 있는데요. 깻잎 향은 페닐케톤이란 성분으로 방부제 역할을 하고 몸과 마음을 편안하게 하는 효능이 있어 온종일 스트레스 때문에 긴장되어있는 몸과 마음을 누그러뜨려 주는 작용을 합니다.

04

몸과 마음의 열을 식히는
쓴바귀버섯무침

재료

쏨바귀 150g, 양파 1/4개, 표고버섯 5개, 미나리 한 줌

양념

설탕 2T, 고추장 1.5T, 고춧가루 1T, 한식간장 1T, 현미식초 1T, 빻은 참깨 1T, 참기름 2t

만드는 법

1. 씀바귀는 흔들어서 깨끗이 씻어 먹기 좋은 크기로 썬다.
2. 끓는 물에 씀바귀를 30초~1분 정도 데친 후 체에 밭쳐 물기를 제거한다.
3. 양파는 곱게 채를 친다. 미나리는 손질하여 송송 썬다.
4. 볼에 분량의 양념 재료를 넣고 고루 섞는다.
5. 표고버섯은 종이행주로 닦아낸 후 기둥을 떼고 모양대로 썬다.
6. 팬에 기름을 살짝 두른 후 표고버섯을 충분히 볶는다.
7. 4번의 볼에 씀바귀, 양파, 표고버섯을 넣고 고루 버무린 후 마지막에 미나리를 넣는다.

요리팁 ▸

씀바귀나물 만드는 법을 인터넷에 검색해보면 거의 쓴맛을 제거하는 방법이 나옵니다. 그러나 씀바귀는 쓴맛이 약성으로 제거하는 것보다는 버섯을 넣어 함께 무치면 쓴맛이 감칠맛으로 느껴지고 풍미도 훨씬 좋아집니다.

채소 약성

씀바귀의 생약명은 고채로 쓴 나물이란 뜻입니다. 즉 나물이면서 약초이기도 한 것입니다. 씀바귀 하면 쓴맛이 떠오르는데 이 쓴맛은 항염, 해독, 항암에 좋은 효능을 하므로 염증성 질환에 좋은 치료 약이 됩니다. 이외에 항 스트레스 작용을 하여 몸과 마음의 열, 답답함, 스트레스에도 좋은 식재료가 됩니다. 또한 씀바귀의 아르지닌 성분은 간 독소와 노폐물을 배출하는 데 도움을 주어 피로 해소에도 좋습니다.

05

가뿐한 한 끼 샐러드
두부장샐러드밥

재료

시소잎 7장, 표고버섯 6개, 래디시 4개, 양배추 1/6개, 파프리카 1/2개

두부장

두부 300g, 한식간장 1.5T, 고추장 1T, 매실청 1T, 물 1T, 설탕 1/2T, 고춧가루 1/2T, 참기름 1/2T, 현미식초 2t, 다진 생강 2t

표고버섯 양념

한식간장 1T, 설탕 1T, 다진 생강 1/2t

만드는 법

1. 양배추는 곱게 채를 썬다.
   파프리카는 꼭지를 떼고 곱게 채를 썬다.
   래디시는 모양대로 동그랗게 얇게 썬다.
   표고버섯은 기둥을 떼고 모양대로 썬다.
2. 시소잎은 깨끗이 씻어 체에 밭쳐 물기를 제거한다.
3. 두부는 칼등으로 으깬 후 면 보자기를 이용해 물기를 제거한다.
4. 달군 팬에 기름을 살짝 두르고 두부를 고슬고슬하게 볶아 한 김 식힌다.
5. 팬에 분량의 두부장 소스를 넣고 바글바글 끓어오르면 두부를 넣고 양념에 버무린다.
6. 그릇에 양배추, 파프리카, 래디시, 시소, 표고버섯, 치자밥을 가지런히 담고 두부장을 올린다.

요리팁 ▸

두부장은 비벼 먹는 장으로 고슬고슬하게 볶는 것이 중요하기 때문에 양념은 물기 없이 바짝 조리는 것이 좋습니다.

아이들에게 줄 때는 간장으로 양념으로 하고 채소는 조금 더 작게 썰어 볶아서 주면 좋습니다.

06

답답한 변비 탈출
다시마전

재료

염장 다시마 100g, 양파 25g, 통밀 빵가루 3t, 통밀가루 3t

반죽

밀가루 1/2C, 물 1/2C, 소금, 후추 약간

양념장

다진 양파 1.6T, 한식간장 2t, 매실청 1t, 식초 1t, 고춧가루 1/2t, 참깨 약간

만드는 법

1. 염장 다시마는 20분 정도 물에 담가 짠맛을 빼고 체에 밭쳐 끓는 물을 붓는다. 그런 다음 사각모양으로 썬다.
2. 볼에 반죽 재료를 넣고 고루 섞어 반죽을 만든다.
3. 다시마에 통밀가루를 앞뒤로 묻힌 후 반죽옷을 입힌다.
4. 달군 팬에 기름을 두르고 다시마전을 올린 다음 한 면에 빵가루를 고루 뿌린 후 앞뒤로 노릇하게 굽는다.
5. 양파를 다져 분량의 양념장 재료를 넣어 양념장을 만든다.
6. 접시에 다시마전을 담고 양념장을 곁들인다.

식물약성

다시마의 특유의 미끈거리는 성분인 알긴산은 장 속의 콜레스테롤이나 나트륨과 결합해서 체외로 배출하기 때문에 콜레스테롤 수치가 높아 혈압이 높은 경우 다시마를 채수로 활용해 국이나 찌개에 활용하면 감칠맛뿐 아니라 건강에도 도움이 됩니다. 특히나 마음의 화기운이 올라와 잠을 잘 못 이루거나 신경성으로 얼굴이 자주 붉어질 때 검은색 식재료인 해조류는 좋은 작용을 합니다. 해조류에 있는 성분들이 신장의 에너지를 채워주어 음양의 조화로 위로 솟구치던 화기가 아래로 내려오면서 심신이 고요해지게 됩니다. 따라서 열체질, 소양인의 경우 더 도움이 됩니다.

덥고 습한 날씨
아욱유부된장국

재료

아욱 200g, 무 150g, 표고버섯 4개, 고추 2개, 유부 4장, 채수 6C

양념

재래된장 1.7T, 한식간장 1.7T, 부족한 간은 소금

만드는 법

1. 아욱은 깨끗이 씻어 질긴 줄기는 잘라낸 후 먹기 좋은 크기로 썬다.
2. 무는 나박나박 썰고 표고는 모양대로 썬다.
   고추는 송송 썬다.
   유부는 펼쳐 가늘게 채를 썬다.
3. 냄비에 들기름 1.5T를 넣고 무, 표고버섯을 넣고 볶은 후 채수를 넣고 10분 정도 끓인다.
4. 양념한 후 아욱을 넣어서 한번 끓어오르면 유부, 홍고추를 넣고 마무리한다.

식물약성

아욱은 고혈압에 좋은 채소로 칼륨이 풍부하여 혈관에 쌓인 나트륨 성분과 이물질 등을 배출하는 데 도움을 줍니다. 그래서 외식이 잦거나 짜게 먹고 기름진 음식을 먹는다면 잎채소와 궁합을 맞추어 먹으면 좋은데 아욱을 쌈이나 찜, 무침으로 활용해 같이 먹으면 좋습니다.

피부를 촉촉하게
흑임자꽈리고추무침

재료

꽈리고추 150g, 콩가루 1T

양념

빻은 참깨 2.5T, 흑임자 2.5T, 한식간장 2t 설탕 2t, 참기름 1t

만드는 법

1. 꽈리고추는 깨끗이 씻어 꼭지를 떼고 포크로 구멍을 낸다.
2. 물기가 있는 상태에서 콩가루를 묻힌다.
3. 찜기에 김이 오르면 꽈리고추를 넣고 뚜껑을 덮어 4~5분 정도 찐 후 한 김 식힌다.
4. 절구에 참깨, 흑임자를 넣어 빻는다.
5. 볼에 양념 재료를 넣고 먼저 꽈리고추를 넣어 양념한 후 빻은 참깨와 흑임자를 넣고 고루 버무린다.

식물약성

흑임자, 참깨를 음식에 넣으면 칼슘이 많아 뼈 건강과 관절에 좋습니다. 흑임자에는 레시틴이라는 성분이 풍부한데 레시틴은 혈액순환을 원활하게 하고 심혈관질환 예방에도 효과적이며 두뇌를 발달시키는 효능을 가져 노인들의 치매 예방과 성장기 어린이 두뇌 발달에도 효과적입니다. 특히나 꽈리고추와 흑임자는 서로 보완 작용을 하기에 함께하면 더욱 좋은 음식 궁합을 가지고 있으므로 여러 식단에 활용해도 좋습니다.

얼굴이 자주 붉어질 때
치자버섯밥

재료

생표고버섯 3개, 쪽파 한 줌, 트뤼프오일 1t, 쌀 1.5C

양념장

다진 쪽파 1~2T, 한식간장 1T, 참깨 1t, 고춧가루 1/2t

치자물

치자 2개, 물 1.5C

만드는 법

1. 물 1.5C에 치자 열매를 반으로 잘라 넣고 1시간 정도 우린다.
2. 쌀을 깨끗이 씻어 30분간 체에 밭쳐 불린다.
3. 표고버섯은 종이행주로 닦아 기둥을 떼고 편으로 썬다.
4. 달군 팬에 기름을 살짝 두르고 표고버섯을 볶은 후 소금, 후추로 간을 한 다음 마지막에 트뤼프 오일을 뿌린다.
5. 솥에 불린 쌀과 버섯, 동량의 치자물을 부어 밥을 짓는다. 물이 끓어오르면 약불로 줄여 15분 정도 끓인 후 5분 뜸을 들인다.

식물약성

치자는 가슴속의 열을 텅 비게 만들고 밑으로 내려주는 작용을 하여 가슴속의 답답함과 스트레스, 화병 등 자주 얼굴에 열이 오르는 증상에 도움이 되기도 하고, 감정 기복을 다스리는 데도 좋은 효능이 있습니다. 그래서 흔히 갱년기 증상에 좋다고 알려졌지요. 이때 잠도 들기 힘들다면 대추와 함께 밥을 지어 먹으면 증상개선에 도움이 됩니다. 밥 이외에도 물 1L에 치자 3개(20g) 정도를 넣고 20분 정도 끓이다가 마지막에 박하잎을 넣고 5분 정도 더 끓여서 차로 마시면 갱년기 증상에 좋습니다.

디톡스 만두
케일근대만두

재료

두부 1/3모, 근대·케일·무 100g, 당면 50g,

만두 양념

설탕 2t, 소금 1t, 들기름 1t

초간장

다진 고추 1개, 한식간장 2t, 식초 1t, 매실청 1t,

만드는 법

1. 케일, 근대는 깨끗이 씻어 두꺼운 줄기는 잘라낸 후 찜통에 살짝 찐다.
2. 무는 깨끗이 씻어 곱게 채를 썬 후, 볼에 무, 소금을 넣고 10분 정도 절여 가볍게 물기를 짠다.
3. 두부는 으깬 후 물기를 제거한다.
4. 당면은 찬물에 30분 정도 불린 후 끓는 물에 데친다. 그런 다음 체에 밭쳐 물기를 제거한 후 잘게 썬다.
5. 볼에 당면, 무, 두부, 만두 양념을 넣고 고루 버무린다.
6. 채소잎 위에 만두소를 한 수저 넣어 돌돌 말아 감싼다.
7. 김이 오른 찜기에 젖은 면 보자기를 깔고 만두를 올려 3분 정도 찐다.

요리팁 ▸

만두는 다양한 잎채소로 활용할 수 있습니다. 색과 맛, 식물의 성질을 파악해 증상에 맞게 활용하면 좋습니다. 예를 들면 불면증에 상추를 호흡기가 안 좋다면 겨자잎을 사용하면 됩니다.

케일은 '해독의 왕'이라 불릴 정도로 해독의 좋은 효능을 가지고 있습니다. 그 이유는 녹황색 채소 중 베타카로틴의 함량이 가장 높기 때문인데요. 베타카로틴은 활성산소를 제거해 항산화 작용과 해독 작용에 좋은 효과를 가집니다. 이 이에도 눈에 좋은 루테인과 뼈에 좋은 비타민 K 등을 가지고 있습니다. 이 좋은 케일은 녹즙, 쌈채소, 샐러드 등에도 활용되지만 한식에도 잘 어울려 국, 찌개에 넣어도 깔끔한 맛을 냅니다.

근대는 식이섬유가 풍부해 장 건강을 촉진하고 변비를 예방합니다. 또 칼륨이 풍부해 고혈압 예방, 콜레스테롤 수치를 낮춰줍니다. 적근대의 경우 잎줄기, 잎맥이 짙은 빨간색을 띠고 철분도 다량 함유되어 있어 혈액생성에 도움을 주기 때문에 평소 빈혈 증상, 뼈 건강에 좋을 뿐 아니라 심장 건강을 위해서도 더 좋은 선택이 될 수 있습니다.

다양한 잎채소 상추, 배추, 호박잎, 당귀잎, 고추냉이잎, 겨자잎

만두는 다양한 잎채소로 대체해도 좋습니다. 식물의 성질에 따라 내 몸의 상태에 따라 다음 내용을 참고로 다양하게 활용하시기 바랍니다.

상추는 사람들이 자주 즐겨 먹는 잎채소입니다. 쌈으로 많이 먹지만 만두피로도 사용할 수 있습니다. 상추는 잎채소 중에서도 쌉쌀한 맛이 나는데요. 쓴맛은 속을 편하게 하는 작용을 합니다. 이 쓴맛이 왕성한 식욕이 문제인 경우, 다이어트를 해야 하는 사람에게 도움을 줍니다. 또한 심장이 항진되는 것을 진정시키고 강력한 청혈, 해독 효과가 있으며 불면증으로 힘들 때나 더위 먹었을 때도 도움을 받을 수 있습니다.

상추만큼 많이 먹는 배추는 물을 마셔도 자주 목이 마르고 입안의 건조할 때, 여름만 되면 살이 빠지고 힘이 없는 사람에게 도움이 되는 채소입니다.

여름 채소는 서늘한 성질을 가지고 있는데요. 그중 넓은 잎을 가진 호박잎이 대표주자입니다. 그래서 여름철 무더위에 지칠 때 열을 식히는 찬 성질의 호박잎을 활용하면 좋습니다. 또한 호박잎 특유의 떫은맛은 수렴작용을 하므로 여름에 땀을 많이 흘려 진액이 손상되기 쉬울 때도 활용하면 됩니다.

향채는 대체로 채소의 향이 짙을수록 효능이 강합니다. 막혀있는 신진대사를 풀어주는 작용을 하므로 스트레스가 많고 울화가 많으며 잘 참고 내향적인 사람에 도움이 됩니다. 또한 매운맛으로 인해 체내 열을 생성해 기초대사량을 증가시켜 냉방병에도 효과가 있습니다. 이러한 향채 중 당귀잎의 경우 피가 부족하고 여름철 땀을 많이 흘려 입맛이 없고 현기증이 나거나 기력 회복이 필요할 때 특히 도움이 됩니다. 고추냉이잎은 매운맛이 나는 잎채소로 부종, 장마철의 습기 과다, 여름감기, 배탈이 났을 때 약이 됩니다. 겨자잎은 호흡기가 안 좋을 때 사용하면 좋습니다.

더위 먹었을 때
미나리죽순숙주샐러드

재료

숙주 1봉지, 죽순 100g, 미나리 한 줌, 레몬 1/4개

양념

한식간장 2T, 식초 2T, 참깨 2T, 설탕 1.5T, 참기름 1.5T, 생강 1t, 소금 1/3t, 슬라이스 레몬

만드는 법

1. 숙주, 미나리는 깨끗이 씻어 끓는 물에 살짝 데친다.
2. 레몬은 슬라이스로 썬다.
3. 죽순은 모양대로 썰어 끓는 물에 살짝 데친 후 체에 밭쳐 물기를 제거한다.
4. 볼에 분량의 양념 재료를 넣고 고루 섞는다.
5. 볼에 숙주, 죽순, 미나리, 양념을 넣고 고루 버무린 후 마지막에 참깨를 넣는다.

식물약성

숙주는 녹두에 비해 비타민 A와 비타민 C가 풍부해 강력한 항산화 작용을 합니다. 또한 아스파라긴산이 풍부해 간을 도와 독소 배출에도 좋아 숙취 해소에도 이용하면 좋습니다.

죽순의 효능에 대해 동의보감에 '찬 성질의 죽순은 갈증과 번열을 해소하고 원기를 회복한다'라고 적혀 있듯이 식이섬유가 풍부해 변비를 없애주고 나쁜 콜레스테롤을 낮추어 혈액순환을 돕는다고 알려져 있습니다. 죽순에는 글루탐산이라는 단백질도 많이 들어있어 원기 회복에도 도움을 주는 고마운 식재료입니다. 게다가 죽순에 함유된 타이로신이 신경을 안정시켜 불면증 개선, 신경안정, 심장의 열을 제거, 마음의 열을 끄는 효능이 있어 특히 여름철 건강에 도움이 됩니다.

이뇨 작용을 돕는
우엉죽순오이냉채

재료

오이 1개, 죽순 110g, 우엉 65g, 래디시 2개

잣 소스

잣 1/4C, 배 1/4개, 참기름 1.5T, 간장 1.5T, 겨자 1/2T, 설탕 1/2T, 매실청 2t

만드는 법

1. 우엉은 껍질째 깨끗이 씻어 곱게 채를 썬다.
2. 죽순은 모양대로 썰어 끓는 물에 살짝 데친 후 체에 밭쳐 물기를 제거한다.
3. 오이는 반을 갈라 눈썹 모양으로 썬다. 래디시는 모양대로 0.1mm 두께로 썬다.
4. 믹서기에 분량의 잣 소스 재료를 넣고 곱게 간다.
5. 볼에 우엉, 죽순, 오이를 담고 잣 소스로 골고루 버무린다.
6. 접시에 우엉죽순오이냉채를 담고 래디시를 고명으로 올린다.

요리팁 ▸

우엉은 껍질째 얇게 썰고 먹기 직전에 채를 썰어야 최대한 시원하고 촉촉한 식감으로 먹을 수 있습니다. 좀 더 부드러운 맛을 원한다면 잣을 더 많이 넣거나, 너무 더워 입이 마르고 입맛이 없을 때는 배를 더 많이 갈아 넣으면 좋습니다.

식물약성

오이는 구성 성분 중 95%가 수분으로 구성되어있어 여름철 수분을 채우기 가장 좋은 채소입니다. 산에 오를 때도 간편하게 오이, 포도를 간식으로 가지고 가면 최고의 조합이 됩니다. 오이는 차가운 성질이어서 몸과 마음의 열을 식히고 갈증을 채워주기에도 적합합니다. 또한 오이에는 비타민 K가 풍부해 혈관 탄력성에 좋아 혈압이 높은 경우 여름철 채소로 오이 반찬을 많이 해 드시면 도움이 됩니다.

차분하게 있고 싶은 날
죽순감자전

재료

감자 1개, 죽순 1토막, 고추 1개, 쑥갓 약간

고추 양념장

한식간장 1T, 참기름 1/2T, 고춧가루 1t, 빻은 참깨 1t, 다진 고추 1t

만드는 법

1. 삶은 죽순은 모양대로 썰어 방망이로 자근자근 두들긴다.
2. 감자는 강판에 갈아 체에 밭쳐 감자의 건더기와 가라앉은 전분을 함께 사용한다.
3. 반죽에 소금으로 간한다.
4. 달군 팬에 기름을 두르고 손질한 죽순에 감자 반죽을 묻히고 쑥갓을 올려 노릇하게 굽는다.
5. 고추는 송송 썰어 분량의 고추 양념장 재료를 넣고 고루 섞는다.
6. 그릇에 죽순감자전을 담고 고추 양념장을 곁들인다.

요리팁 ▸

죽순감자전이 거의 다 익었을 때 마지막에 쑥갓을 올리면 쑥갓 향이 살아 풍미가 좋습니다.

한 그릇 해독 수프
녹두단호박수프

재료

단호박 1개, 양파 1/2개(100g), 거피 녹두 1/4C, 아몬드 3T, 물 5C

양념

천일염 1.5t

만드는 법

1. 녹두는 씻은 뒤 물에 30분 정도 불리고 체에 밭쳐 물기를 제거한다.
2. 양파는 곱게 채를 썬다.
3. 단호박은 반으로 썰어 꼭지를 잘라낸 후 수저로 씨를 제거해 슬라이스로 썬다.
4. 팬에 기름을 두르고 양파가 단맛이 우러나오도록 10분 정도 볶는다.
5. 4에 녹두, 단호박, 물을 넣고 30분 정도 푹 끓인 후 마지막에 양념한다.
6. 한 김 식혀 믹서기에 5번과 아몬드를 함께 넣고 곱게 간다.
7. 그릇에 담아 홍후추, 허브 가루를 뿌린다.

요리팁 ▸

채소는 열을 가하면 비타민류가 파괴된다고 하여 샐러드처럼 생으로 먹도록 권장하고 있지만 암 억제 효과를 높이기 위해서는 익혀서 그 국물을 마시는 것이 더욱 좋다고 합니다. 특히나 열을 가해야 영양소의 흡수율이 높아지는 예도 있으니 채소의 성질을 적절히 활용해 조리하면 좋습니다. 푹 끓인 수프의 경우 좋은 성분들이 국물에 녹아들어 소화와 흡수 두 가지를 동시에 돕는 기능을 하므로 소화력에 따라 농도를 조절해서 먹으면 됩니다.

식물약성

단호박의 색소는 카로틴으로 비위장에 도움을 주고 암을 억제하는 항산화 성분입니다. 그래서 세포막이나 유전자를 해치는 활성산소의 작용을 억제해 세포가 훼손되지 않게 도와주는데 이 카로틴의 흡수율을 높이려면 기름을 사용해 조리하는 것이 좋습니다.

몸과 마음의 열을 식히는
가지참외냉국

재료

가지 1개, 참외 1/2개, 청고추 1개, 홍고추 1/2개, 빻은 참깨 1T

가지 양념

한식간장 1t, 들기름 1t, 다진 생강 2/3t

채수 양념

현미식초 1.5T, 한식간장 1T, 매실청 1T, 설탕 1t, 다시마물 1.5C

만드는 법

1. 가지는 6cm 크기로 자른 다음 다시 반으로 자른다.
   고추는 송송 썬다.
2. 참외는 겉껍질을 깨끗이 씻어 반을 썰어 속을 파낸다. 그 다음 모양대로 얇게 썰어 소금을 뿌려 가볍게 물기를 짠다.
3. 찜기에 김이 오르면 가지를 넣고 6분 정도 찐 후 한 김 식혀 손으로 가늘게 찢는다.
4. 볼에 찐 가지와 가지 양념을 넣고 조물조물 무쳐 간을 한 다음 고추, 참외를 넣는다.
5. 채수에 채수 양념을 넣고 고루 섞는다.
6. 4번의 볼에 채수, 빻은 참깨를 넣어 참외냉국을 완성한다.

요리팁 ▸

참외는 깨끗이 씻어 껍질째 사용하며 오독오독한 식감을 원하면 최대한 얇게 썰어 소금에 절이면 됩니다.

채소약성

가지는 찬 성질을 가지고 있는 채소로 열을 식혀주어 여름에 지치기 쉬운 심장의 기능을 도와줍니다. 또한 풍부한 식이섬유로 장건강에 도움을 주어 소염효과가 있어 소염제와 항생제가 없던 시절 유용했다고 합니다. 이런 가지의 좋은 영양성분들은 익혀 먹는 것이 흡수율이 높아지므로 적절한 조리 방법을 사용해 식단을 구성하면 좋을 것입니다.

혈관 건강
가지강정치라시

재료

가지 1개, 어린잎 50g, 래디시 약간, 방울토마토 2개, 감자전분 1T, 밥 1공기

생강 소스

한식간장·한식고추장·조청·설탕·다진 생강 1/2T, 소금 약간

배합초

식초 1/2T, 설탕 1t, 천일염 약간

만드는 법

1. 가지는 꼭지를 떼고 길게 세로로 반을 가른 후 다시 2등분으로 썬다. 그런 다음 격자 모양으로 칼집을 내고 소금을 뿌려 물기를 제거한다.
2. 가지를 봉지에 담고 감자전분을 넣어 흔든다.
3. 달군 팬에 기름을 넉넉히 두르고 가지를 노릇하게 앞뒤로 튀기듯이 굽는다.
4. 생강을 다진 후 분량의 재료를 넣고 고루 섞어 생강 소스를 만든다.
5. 어린잎은 깨끗이 씻어 체에 밭쳐 물기를 제거한다.
6. 래디시, 방울토마토는 얇게 썬다.
7. 달군 팬에 양념을 넣고 끓어오르면 가지를 넣어 골고루 버무린다.
8. 볼에 분량의 배합초 재료를 고루 섞어 밥이 따뜻할 때 양념한다. 그 다음 밥 위에 가지강정을 올린다.
9. 어린잎, 래디시, 방울토마토를 곁들이고 참깨를 뿌린다.

요리팁 ▸

가지에 격자무늬 칼집을 넣으면 겉은 바삭하고 속은 촉촉하게 양념이 스며들어 더욱 맛있는 요리가 됩니다. 다만 가지를 썰 때 칼집을 깊게 넣으면 구울 때 부서지거나 갈라질 수 있어 주의할 필요가 있습니다.

디톡스 다이어트
치커리도토리묵샐러드

재료

도토리묵 1모, 치커리잎 100g, 당근 45g, 양파 1/4개

양념

한식간장 1T, 설탕 1T, 매실청 1T, 현미식초 1/2T, 고춧가루 2t, 들기름 2t, 고추장 1t, 생강 1t, 빻은 들깨 1t

만드는 법

1. 도토리묵은 물결 모양으로 썬다.
2. 치커리잎은 깨끗이 씻어 먹기 좋은 크기로 썬다.
3. 당근과 양파는 곱게 채를 썬다.
4. 볼에 분량의 양념을 넣고 고루 섞은 후 치커리잎, 양파, 당근, 양념을 넣고 살살 버무린다.
5. 그릇에 도토리묵과 치커리 샐러드를 곁들인다.

요리팁 ▸

당근은 볶아서 넣으면 영양분 흡수율을 높이는 데 도움이 됩니다. 또 몸이 찬 경우 들깨를 더 많이 넣으면 음양의 조화를 이루어 건강한 식단을 만들 수 있습니다.

채소약성

도토리에 들어있는 아콘산이라는 물질은 노폐물 특히 중금속을 체외로 배출하는데 특별한 효과를 나타낸다고 합니다. 또한 떫은 맛의 타닌 성분이 많이 들어 있는데, 떫은맛은 오그라들고 수축하는 에너지로 우리 몸속에서 강력한 수렴하는 에너지로 작용합니다. 따라서 다한증이나 유정증에 도움이 되며 관절과 인대를 잡아주어 골절, 관절염에도 도움이 됩니다. **치커리**는 찬 성질, 해독을 돕는 식재료로 간열이 쌓였을 때 약재로 사용했다고 합니다. 특히 쓴맛을 내는 이눌린 성분은 장 건강에도 좋고 혈당 조절에도 큰 도움을 줍니다. 스트레스로 마음의 열이 생기거나 더운 여름은 밤에도 잠이 안 들어 힘들 때 치커리는 열을 내려, 가슴의 답답한 증상에 도움을 줍니다.

스트레스로 가슴이 답답한 날
통곡물샐러드

재료

파프리카 1개, 오이 1/2개, 방울토마토 5개, 치커리·양상추 3장, 귀리·율무 약간, 피스타치오 약간

오렌지 드레싱

오렌지 1/2개, 레몬즙 3T, 포도씨유 1T, 원당 1T, 소금 1/2t, 생파슬리 약간

만드는 법

1. 귀리, 율무는 끓는 물에 10분 정도 삶는다.
2. 치커리, 양상추는 깨끗이 씻어 먹기 좋은 크기로 뜯는다.
   파프리카는 먹기 좋은 크기로 썬다.
   방울토마토는 반을 갈라 준비한다.
3. 오이는 감자 칼로 깎아 돌돌 말아 롤 모양으로 만든다.
4. 볼에 치커리, 양상추, 방울토마토, 오이롤, 파프리카, 귀리, 율무를 담고 오렌지드레싱으로 가볍게 버무린 다음 피스타치오를 뿌린다.

요리팁 ▸

율무, 보리, 귀리와 같은 나뉜 곡물은 서늘한 성질을 지니고 있어 몸과 마음의 열을 식혀주는 데 도움을 주고 샐러드에 함께 넣어만들면 한 끼 식사로 충분합니다. 또한 곡물의 쫄깃한 식감이 더해져 천천히 오래 씹게 되고 그로 인해 입속의 침이 위장으로 많이 들어가 소화를 돕게 되어 위장의 피로도 막는 일석이조의 효과가 있습니다.

채소약성

생식은 봄여름에 특히 좋은데 몸에 열이 많은 사람은 여름에 생식, 녹즙, 로푸드 등으로 간단한 식단을 짜면 도움이 됩니다. 몸이 피곤할수록 가볍게 먹는 것이 좋기 때문인데요. 아플 때는 입이 쓸 때가 있죠? 입이 쓰면 음식이 안 당기게 되는데, 우리 몸이 음식의 독성을 제거하고 소화하는데 쓸 에너지를 몸의 이상 부분에 치유하기 위해 그렇습니다. 그럴 때는 억지로 먹으려 하지 말고 간단한 식사를 통해 몸이 자연치유 되기를 기다리는 것이 좋습니다.

입맛이 없을 때
당근라페샌드위치

재료

당근 1개, 레몬 1개, 통곡물빵(비건), 바질잎 4장, 파슬리 약간,

라페 소스

레몬제스트(레몬 1개), 레몬즙 1.5T, 올리브유 1T, 유기농설탕 1/2T, 조청 1t, 겨자 1/2t, 소금 1/3t, 다진 파슬리 약간

케이퍼마요

비건마요 1T, 케이퍼 1T, 유기농설탕 1/2t

만드는 법

1. 당근은 채칼로 곱게 채를 썬다.
2. 팬에 기름을 살짝 두르고 당근을 충분히 볶은 후 한 김 식힌다.
3. 레몬으로 레몬제스트를 만든다.
4. 볼에 분량의 당근라페소스를 넣고 고루 섞은 후 레몬제스트를 넣어 당근라페소스를 완성한다.
5. 2번의 당근을 라페소스에 버무린다.
6. 케이퍼를 굵게 다진다, 볼에 분량의 케이퍼마요소스를 넣고 고루 섞어 소스를 만든다.
7. 마른 팬에 통밀빵을 구운 후 케이퍼마요소스를 바른 다음 라페소스를 올리고 바질잎을 고명으로 올린다.

채소약성

레몬의 신맛은 위장을 자극해 소화액 생성을 높이며 위장의 연동운동을 좋게 합니다. 또 비타민 C가 풍부해 피로 해소와 면역력 향상, 피부 미용에 도움이 됩니다. 레몬껍질에도 유효한 성분이 많습니다. 구연산은 대표적인 항염 및 항산화물질로 체내 산화 스트레스를 줄여 조직손상 및 질병 예방, 노화로 인한 각종 증상에 도움이 되므로 깨끗이 씻어 함께 먹으면 좋습니다. 디톡스용으로 많이 마시는 레몬수의 경우 차가운 물보다는 따뜻한 물에 먹으면 플라보노이드와 같은 항산화 성분이 가장 많이 나온다고 합니다. 이런 따뜻한 레몬수에 페퍼민트를 넣어 마시면 피로 해소에 좋은 음식궁합이 됩니다.

심장의 기능을 돕는
연근연자육솥밥

재료

연근 35g, 연자 7알, 빻은 들깨 2T, 흰쌀 1.5C, 찹쌀 1/2C

미나리 양념장

미나리 한 줌, 한식간장 1.5T, 참깨 1T, 매실청 2t, 참기름 1t

만드는 법

1. 연근은 껍질째 깨끗이 씻은 후 0.2cm 두께로 썬다.
2. 연자는 거칠게 다진다.
3. 들깨는 절구에 빻는다.
4. 쌀, 찹쌀은 깨끗이 씻어 채반에 밭쳐 30분 불린다.
5. 솥에 쌀과 동량의 물을 붓고 연근, 연자, 들깻가루를 올려 밥을 짓는다. 밥물이 끓어오르면 약불에서 15분 정도 끓인 후 5~10분 정도 뜸을 들인다.
6. 미나리를 송송 썰어 볼에 분량의 양념과 함께 미나리 양념장을 만든다.
7. 연자연근솥밥과 미나리양념장을 곁들인다.

요리팁 ▸

연근은 껍질째 사용하는 것이 좋아서 채소솔로 꼼꼼히 씻어 씁니다. 연자는 먼저 물에 불려 이 물로 밥물을 사용하면 영양분을 충분히 얻을 수 있습니다.

연자육을 활용하는 또 다른 방법은 차를 만들어 마시는 것입니다. 물 1L에 연자육 10알을 넣고 끓이다가 끓기 시작하면 약불로 30분 더 끓이면 됩니다. 기호나 체질, 상황에 따라 추가 재료를 넣어 함께 끓이면 더욱 좋습니다. 예를 들어 잠이 안 올경우에는 대추를 추가하면 됩니다.

연근은 연꽃의 뿌리 부분으로 예로부터 지혈 작용, 열을 내리거나 독성을 푸는 작용에 사용해 왔습니다. 영양학적으로보면 연근의 떫은 맛의 원인인 탄닌은 소염작용과 항산화 작용이 뛰어난 것으로 알려져 있습니다. 그리고 상처 부위 조직을 수축시켜 출혈을 줄여 위궤양이나 치질, 코피 등에 도움이 됩니다. 이 좋은 타닌은 알맹이보다 껍질에 2배나 더 많이 들어 있다고 하니 껍질을 제거하지 말고 같이 섭취하는 것이 좋겠습니다. 그리고 뮤신도 들어 있어 위장을 보호하는데도 도움이 됩니다.

연자는 연꽃의 씨방을 분리해 껍질을 제거하면 나오는 땅콩과 비슷한 모양의 과육으로 하나의 씨주머니에서 평균 20개 밖에 나오지 않는 귀한 식재료여서 예로부터 왕실의 진상품으로 왕의 병을 치료하는 약재로 쓰였습니다. 연자육의 맛은 콩과 비슷하며 담담하고 고소한 맛이 나지만 중간에 파란 속심인 연자심은 쓴맛이 강하여 마음이 혼란할 때, 정신질환, 불면증을 치료하는 데 쓰입니다. 연자육 속의 필수아미노산인 매싸이오닌 성분은 불필요한 중성지방을 제거하여 콜레스테롤을 낮추고 혈관에 노폐물이 쌓이지 않도록 도와주는 역할을 합니다. 고지혈의 문제가 많은 현대인에게 연근연자육솥밥은 매일 먹어도 좋은 건강한 밥상이 될 것입니다.

가을 秋

6

가을채소로 대비하다
면역력을 위해
호흡기질환、

가을 계절 섭생

가을은 금의 에너지를 말하며 자연에서는 새로운 생명의 탄생, 종족 유지의 준비를 서서히 준비하는 시기이자 추운 겨울을 대비하는 시기입니다. 가을이 되면 일교차가 커지는데 우리 몸에서는 그에 알맞은 대사기능을 조절하며 적응하는 시간이 필요해지게 됩니다. 우리 몸의 체온을 조절하는 것은 자율신경계가 담당하는데 자율신경은 자기 의지와 상관없이 몸을 조정하는 신경으로 우리 몸이 스스로 치료하는 자연치유력, 면역력과 관련이 있습니다. 그래서 가을에는 몸이 적응하는 시기를 거치느라 쉽게 약해지고 감기에 자주 걸리는 등 면역력이 약해지는 것입니다. 그래서 이 시기에는 가을의 에너지를 듬뿍 담은 견과류가 좋은 대책이 됩니다. 견과류는 세로토닌 수치를 높여주는 효능이 있으며 포만감을 주어 체중감량, 체온조절에 도움을 주어 가을철 기온 변화에 좋은 식재료입니다.

커지는 일교차는 습도와도 관련이 있습니다. 즉 대기가 건조해지고 식물은 잎과 줄기가 마르면서 모든 진액은 열매와 뿌리 속으로 수렴하게 되는 것입니다. 자연과 마찬가지로 우리 몸도 여름의 한없이 발산되던 기운이 아래로 내려가며 내부로 힘을 모으기 시작합니다. 지표면의 물도 내려가듯 피부의 수분도 내려가 피부가 거칠어지고 건조한 증상이 생기게 됩니다. 또한 건조함에 취약한 기관은 호흡기인 폐로 가을 제철 채소로 보폐, 진액을 채워주는 것이 필요하게 되는 것입니다. 폐의 기능을 돕기 위해서는 흰색, 매운맛과 끈적한 성분의 식재료가 도움이 되며 대파, 양파, 마, 우엉, 더덕, 도라지, 토란, 연근 등이 있습니다.

가을의 '숙살지기'는 만물의 성장을 멈추게 하는 것 같지만 실제로는 에너지를 거두고 저장, 정리 · 정돈하는 것이며 다시 겨울을 거쳐 봄을 생성하는 이치가 되므로 가을의 식재료들로 몸과 마음을 잘 정돈하는데 도움이 되기를 바랍니다.

가을의 식재료

우엉, 연근, 도라지, 더덕, 마, 토란, 토란대, 산초, 감, 은행, 무화과, 송이버섯, 능이버섯, 새송이버섯, 목이버섯, 양송이버섯, 느타리버섯, 팽이버섯, 생표고버섯, 연잎, 견과류, 땅콩, 토마토, 사과, 배, 무, 늙은호박, 단호박, 유자, 참나물, 콩, 밤, 잣

폐의 형상은 텅 비어있는 벌집 모양으로 흡입하면 가득 차고 내뱉으면 비게 되는 모양입니다. 호흡을 주관하여 위로는 코와 연결되며 부비강, 기도, 기관지 등 모두 폐의 영향을 받습니다. 또한 공랭식으로 심장과 뇌를 식히는 작용을 합니다. 폐는 자정능력도 지녔는데 점액질로 몸에 들어온 바이러스, 먼지 등을 흡착해 밖으로 배출합니다. 그래서 담배 연기나 미세먼지를 흡입하면 가슴이 묵직함, 답답함이 생기게 되는 이유가 바로 점액이 늘어나서입니다. 따라서 몸의 면역력을 향상시키기 위해서는 폐가 촉촉하게 유지되어야 하는 것입니다.

폐가 건조해지면 목소리가 갈라지고 마른기침과 딱딱한 코딱지, 누런 가래가 생기기 쉽고 눈이 충혈되며, 피부가 건조해져 비듬과 각질이 생기고 머리카락이 갈라지거나 탈모가 생기기 쉽게 됩니다. 또한 변비, 항문파열, 얼굴이 창백해지는 것 외에 면역의 문제인 알레르기와 비염까지 겪게 됩니다. 심적으로도 마음의 슬픔과 걱정이 많아지게 되는 것도 폐의 이러한 증상과 연관이 있습니다. 그러나 너무 습할 경우에도 피부가 짓무르거나 아토피, 부종이 생기기 쉬운 문제점이 나타나므로 적절히 조절할 필요가 있습니다.

가을채소로 대비하다

호흡기질환、 면역력을 위해

01

면역력 증진
가을약선밥

재료

맥문동 20g, 양파껍질 5g, 현미 1C, 현미찹쌀 1C , 물 1.5L

만드는 법

1. 맥문동, 양파껍질, 물을 넣고 끓어오르면 약불로 줄여 40분 정도 더 끓인다.
2. 현미와 현미찹쌀은 깨끗이 씻어 30분 정도 불린다.
3. 압력솥에 1의 약선채수 2.5C과 불린 현미와 현미찹쌀을 넣고 밥을 짓는다.

채소약성

맥문동은 백합과의 여러해살이풀로 덩이뿌리는 약재로 사용되어왔으며 겨울에도 죽지 않는 강한 생명력을 가져 불사초라고도 불립니다. 동의보감에는 기관지를 촉촉하게 하고 만성 폐 질환에 도움을 준다고 기록되어 있는데, 조선시대 최장수왕인 영조의 생명수라고도 불릴 정도로 영조가 물처럼 즐겨 마신 생맥산의 주원료 중 하나로 더운 여름 땀을 많이 흘렸거나 지쳤을 때 기력을 높이고 폐를 건강하게 만드는 효능을 가지고 있습니다.
맥문동에는 사포닌이라는 성분이 많이 함유되어 호흡기 점막의 점액을 조절하고 외부물질로 생기는 염증을 배출하며 가래나 마른기침을 가라앉히는 데 도움이 됩니다. 또한 강한 항균 작용 및 청혈 작용을 지니고 있으며 각종 세균이나 바이러스로부터 신체를 보호하고 저항력을 높여 체내의 면역력 증대에 도움을 줍니다.

양파껍질에는 양파 알맹이보다 300배 많은 퀴세틴 성분이 함유되어 있습니다. 퀴세틴 성분은 면역세포의 기능을 강화하여 면역 체계를 지원하는 데 도움을 주어 세균이나 바이러스로부터 몸을 보호하는 데 도움을 줍니다. 또한 유황화합물이 많이 들어있어 항암에도 효과적입니다. 좋은 효능에도 불구하고 양파껍질은 식재료로 사용하기 어렵기에 이렇게 약선차, 밥물로 활용하면 도움이 됩니다.

02

장 청소를 돕는 우엉잡채

재료

우엉 200g, , 당면 150g, 피망 1/2개, 청양고추 1개

당면 양념

한식간장 2T, 설탕 2T, 참기름 1T, 천일염 1/4t, 채수 1/2C

우엉 양념

조청 1/2T, 한식간장 1t

만드는 법

1. 당면은 찬물에 40분 정도 불린다.
2. 피망은 꼭지를 떼고 가늘게 채를 썬다.
3. 우엉은 껍질째 깨끗이 씻어 가늘게 채를 썬다.
4. 팬에 기름을 살짝 두르고 우엉을 충분히 볶은 후 양념을 넣어 조금 더 볶는다.
5. 팬에 당면 양념을 넣고 물기가 없어질 때까지 조린다.
6. 5에 우엉, 피망, 고추를 넣고 조금 더 볶은 후 마지막에 참기름을 넣는다.

채소 약성

우엉은 식재료뿐만 아니라 약재로서 그 가치를 인정받고 많이 쓰이기도 합니다. 우리가 먹는 뿌리 부분을 '우방근'이라 하여 부종, 당뇨병 증상에 사용하는데 천연 인슐린이라 부르는 이눌린이라는 성분이 많이 함유되어 있기 때문입니다. 이눌린은 신장 기능을 높여주는 이뇨 작용을 하는 성분이라 냉증이 있어 소변을 자주 보는 경우, 부종의 증상이 있는 경우, 소변이 잘 배출되지 않는 경우 도움이 됩니다. 또한 이눌린 성분은 장내 유익균 활성화에도 도움을 주어 변비 예방, 장을 편안한 상태로 만들어 줍니다. 다만 우엉은 뿌리채소 중에는 성질이 찬 편이라 열이 많은 사람에게 도움이 되고 위의 우엉잡채 레시피처럼 피망, 고추와 같은 따뜻한 성질로 음양의 조화를 맞춰 조리하는 것이 건강에 도움이 됩니다.

03

혈관 청소
버섯우엉들깨탕

재료

우엉 125g, 새송이버섯 2개, 표고버섯 2개, 고추 1개, 홍고추 1/2개, 들기름 1/2T, 채수 5C

양념

들깻가루 4T, 한식간장 1.5T, 다진 마늘 1t, 천일염 1/3t

만드는 법

1. 우엉의 껍질을 깨끗이 씻어 어슷하게 썬 후 곱게 채를 썬다.
2. 미나리는 깨끗이 씻어 송송 썬다.
   홍고추는 어슷하게 썬다.
3. 표고버섯은 모양대로 썰고, 새송이 버섯은 결대로 가늘게 찢는다.
4. 냄비에 들기름을 둘러 우엉, 표고버섯을 충분히 볶은 후 채수를 넣고 끓인다.
5. 4번의 냄비에 양념을 넣고 마지막에 고추를 넣는다.

요리팁 ▸

우엉의 껍질을 벗기면 공기랑 접촉이 되면서 갈변을 하는데 시중의 껍질을 벗긴 우엉은 갈변 방지제를 처리하는 경우가 많아서 우엉은 껍질째 사는 것을 추천합니다.

또한 우엉조리법을 이야기할 때 시중에는 우엉의 쓴맛을 제거하는 조리법이 많은데요. 보통 우엉의 껍질을 벗기고 물에 담가 아린 맛을 빼는 법이 많이 나옵니다. 그러나 그렇게 하면 껍질의 영양도 없어지고 우엉 알맹이의 좋은 성분도 물에 녹아 영양분이 반감됩니다. 우엉을 조리할 때는 얇게 썰어 최대한 오래 볶으면 우엉의 천연 올리고당 성분으로 천연의 단맛이 우러나 맛있게 되니, 껍질째 기름에 볶아 섭취하는 것을 권합니다.

04

지친 날
우엉조림새송이버섯구이

재료

새송이버섯 2~3개, 우엉 1토막, 홍고추 1개, 솔부추 약간

양념

고추 1/2개, 조청 1T, 빻은 참깨 1T, 들기름 1t, 소금 1/2t

만드는 법

1. 새송이버섯을 4등분으로 썬 후 벌집 모양으로 칼집을 만든다.
2. 우엉은 깨끗이 씻어 곱게 채를 썬다.
   고추, 솔부추는 송송 썬다.
3. 달군 팬에 기름을 살짝 두르고 우엉을 충분히 볶는다.
4. 3에 분량의 양념을 넣고 볶은 후 고추를 넣고 마무리한다.
5. 달군 팬에 기름을 넉넉히 두르고 새송이버섯을 앞뒤로
   노릇하게 굽는다.
6. 접시에 버섯을 담고 위에 우엉을 올린 후 고명으로
   솔부추를 올린다.

05

폐 모양을 닮은
콜리플라워유부구이

재료

콜리플라워 150g, 피망 1/2개, 유부 8개

양념

한식간장 1.5T, 설탕 1T, 식초 2t, 고춧가루 1t, 매실청 1t

만드는 법

1. 콜리플라워는 굵게 다진다.
   피망도 작은 크기로 썬다.
2. 유부의 가장자리를 잘라 주머니를 만든다.
3. 팬에 기름을 두르고 콜리플라워를 볶은 후 양념을 넣고
   조금 더 볶는다.
4. 3에 피망을 넣어 볶는다.
5. 유부 안에 4를 채워넣은 후 이쑤시개로 고정하여
   210도 오븐에서 5~6분 정도 굽는다.

채소약성

식물 기미, 색, 형, 향은 그 식물의 효능과 깊은 상관관계가 있습니다. **콜리플라워**의 흰색의 안토크산틴 색소는 체내 유해균을 배출하고 면역력을 높이며 폐와 기관지를 건강하게 해줍니다. 또한 폐의 모양을 하는 콜리플라워에는 강력한 항산화 물질인 글루코시놀레이트, 설포라판 같은 성분이 풍부해 각종 암과 알레르기, 아토피와 같은 면역질환에 좋다고 증명되었습니다.

채식을 하다보면 단백질 보충에 관한 질문을 참 많이 받습니다. 단백질은 각종 채소, 현미, 견과류에도 많이 들어 있지만 채식에서 무엇보다 제일 중요한 단백질 공급원은 바로 콩입니다. **콩**으로 만든 발효 식품인 간장, 된장으로 양념을 하고 두부, 유부 등을 반찬으로 자주 먹으면 단백질 보충은 문제 없습니다. 채소를 다져 유부 안에 넣으면 단백질을 보충을 할 수도 있고 맛도 좋아 아이들도 좋아하는 반찬이 됩니다.

06

가을 보양
김소스마샐러드

재료

마 1개, 고수 약간, 참깨 약간

김소스

김 2장, 한식간장 2T, 들기름 2T, 조청 1T, 물 1/2C

만드는 법

1. 마는 껍질째 깨끗이 씻은 후 0.2cm 두께로 썬다.
2. 고수는 깨끗이 씻어 체에 밭쳐 물기를 제거한다.
3. 김은 비닐봉지에 넣고 잘게 부순다.
4. 믹서기에 소스를 넣어 곱게 간 후 팬에 소스 농도로 끓인 후 마지막에 들기름을 넣는다.
5. 접시에 마를 놓고 위에 김소스와 고수를 올린 후 참깨를 뿌린다.

식물약성

식물은 동물이나 사람처럼 움직일 수가 없어서 월등한 환경적응 능력을 갖추고 있습니다. 물속에 사는 식물은 물을 극복하는 능력과 물과 잘 어울려 사는 능력이 동시에 필요하며 유연성과 생존전략을 가지고 있습니다. 예를 들면 홍수처럼 물이 많을 때는 물을 빼내고 부족할 때는 물을 머금는 능력이 있습니다. 그런 능력은 우리 몸 안에서도 똑같이 재현됩니다. 몸 밖으로 콜레스테롤을 배출시키는 포피란 성분은 장 활동을 원활하게 도와주어 대장암의 발병률을 낮추는 데 도움을 줍니다. 김에는 이 포피란 성분이 풍부합니다. 게다가 식이섬유가 많아 대장에 있는 발암물질을 흡착하여 몸 밖으로 내보내 대장암 예방에 더욱 효과적이지요. 그 외에도 김에는 뭉치면 잘 풀어지지 않는 알긴산이라는 식물성섬유가 함유되어있어 변비 예방과 몸의 안 좋은 것들을 깨끗이 청소하는 역할을 함께 돕습니다. 또한 김 덕분에 채소가 귀해지는 추워지는 시기에 바다 채소로 부족한 비타민, 무기질을 보충할 수 있습니다.

호르몬 불균형
김페스토깻잎스파게티

재료

새송이버섯 1/2개, 마늘 3~4개, 깻잎 4장, 쇼트 파스타 1~2인분

김페스토

김 3장, 견과류 1/4C, 한식간장 1T, 조청 1T, 참기름 1T, 천일염 1/4t, 두유 1C, 물 1/2C

만드는 법

1. 마른김은 잘게 찢고 믹서기에 분량의 김페스토 재료를 넣고 부드럽게 갈다.
2. 새송이버섯은 모양대로 납작하게 썬다.
   마늘은 편으로 썬다.
   깻잎은 꼭지를 떼고 곱게 채를 썬다.
3. 냄비에 물이 끓기 시작하면 면을 넣고 10~12분 정도 삶은 뒤 체에 밭친다.
4. 달군 팬에 올리브유를 살짝 두르고 편으로 썬 마늘을 노릇하게 볶은 후 마늘 향이 올라오면 버섯을 볶는다.
5. 4에 김페스토 소스를 넣어 끓이다가 마지막에 참기름을 넣고 소스를 완성한다.
6. 5번의 팬에 삶은 파스타를 넣어 김페스토 소스에 고루 버무린 후 부족한 간을 한다.
7. 접시에 김페스토파스타를 담고 깻잎을 올려 완성한다.

요리팁 ▸

깻잎을 수북하게 올려 스파게티와 함께 곁들여 먹으면 더욱 맛있습니다.

08

미세먼지 배출을 돕는
브로콜리콩가루찜

재료

브로콜리 250g, 생콩가루 2T

양념

한식간장 1/2T, 들기름 1/2T, 고추장 1t, 조청 1t, 고춧가루 1/2t

만드는 법

1. 브로콜리는 깨끗이 씻어 지저분한 밑기둥을 잘라낸 후 먹기 좋은 크기로 썬다.
2. 볼에 브로콜리, 콩가루를 담고 골고루 버무린다.
3. 김이 오른 찜통에 브로콜리를 넣고 4분 정도 찐다.
4. 볼에 분량의 양념을 넣고 골고루 섞은 다음 브로콜리를 넣고 살살 버무린 후 마지막에 참깨를 뿌린다.

식물 약성

브로콜리는 대표적인 십자화과 채소로 면역력에 탁월한 효능을 가지고 있습니다. 설포라페인 성분이 폐에 부착된 박테리아, 바이러스에 대한 저항력을 높이며 유해 물질을 씻어내는 작용을 하기 때문입니다. 브로콜리의 효능 중 암 예방에 좋은 것은 많이 알려져 있지만 의외로 잘 알려지지 않은 것이 피부미용에 대한 효과입니다. 브로콜리에 있는 설포라페인 성분은 암과 싸우는 효소를 활성화시켜 피부암을 예방하고 피부 손상도 줄여준다고 합니다. 또한 비타민 C와 카로틴의 항산화물질이 풍부해 피부미용에 좋습니다.

09

여성 갱년기증상
콩나물잡채

재료

콩나물 200g, 당면 90g, 고추 2개, 참기름 1T, 빻은 참깨 1t

양념

한식간장 1.5T, 설탕 1.5T, 조청 1T, 고춧가루 1T, 고추장 1t, 물 1/4C

만드는 법

1. 당면은 찬물에 충분히 불려 적당한 크기로 자른다.
2. 고추는 꼭지를 떼고 채를 썬다.
3. 팬에 불린 당면과 양념을 넣고 고루 섞은 후 콩나물을 넣고 뚜껑을 덮고 익힌다.
4. 젓가락으로 계속 저어 윤기 나게 조린 후 고추를 넣는다.
5. 참기름, 빻은 참깨를 넣어 마무리한다.

요리팁 ▸

콩나물은 너무 오래 볶으면 아삭한 식감이 사라져 뚜껑을 열고 열심히 젓가락으로 뒤적이며 익히는 것이 중요합니다.

식물약성

콩나물은 한국인들에게 가장 친근한 채소 중 하나로 다양한 요리로 사랑을 받는 재료입니다. 콩나물은 수분함량이 높아 체내의 수분을 보충하는데 도움을 주며 아스라라긴산이 풍부해 알코올을 분해하는 효소를 만들어내는 데 도움을 주어 신진대사를 원활하게 하고 피로를 풀어줍니다. 이 아스파라긴산은 이뇨 작용을 촉진하여 간과 신장을 건강하게 하며 결석이 생기는 것을 억제해 주기도 합니다. 몸 뿐만 아니라 콩나물은 마음에도 좋습니다. 우리가 흔히 심장을 편안히 해주고 마음을 맑게 해주는 작용을 하는 약으로 청심환을 먹는데요. 이 청심환의 주요 성분에 콩나물이 포함되어 있습니다. 즉 콩나물은 울체된 것을 풀어헤쳐 몸과 마음을 편안히 하는데 도움을 줍니다.

10

뱃속에서 물소리가 날 때
부추양파양송이샐러드

재료

양파 1개, 양송이버섯 10개, 부추 10g, 딜·소금·후추 약간

간장겨자 드레싱

한식간장 2T, 다진 부추 2T, 참기름 1.5T, 빻은 참깨 1.5T, 겨자 1/2T

만드는 법

1. 양송이버섯은 2등분하고 양파는 1cm 두께의 링 모양으로 썬다.
2. 부추의 흰 부분은 송송 썰어 간장겨자 드레싱에 넣고, 나머지 부추는 4cm 크기로 준비한다.
3. 달군 팬에 기름을 두르고 양송이버섯, 양파를 각각 넣고 노릇하게 볶는다. 이때 소금, 후추를 뿌린다.
4. 분량의 간장 겨자 드레싱을 고루 섞은 후 부추 흰 부분을 넣고 드레싱을 만든다.
5. 그릇에 양송이버섯, 양파, 부추를 담고 딜을 고명으로 올린 후 드레싱을 얹는다.

요리팁 ▸

체질에 따라 버섯을 다양하게 사용하면 좋은데 버섯의 자란 환경, 색 등을 보고 체질과 증상에 맞게 선택합니다.

식물약성

부추는 따뜻한 성질과 매운 향을 내는 양적 특성을 가져 몸을 따뜻하게 만들어 주는 채소입니다. 한번 심으면 돌보지 않아도 될 만큼 잘 자라 목의 기운, 강인한 생명력의 에너지를 담고 있습니다. 그래서 자양 강장의 채소로 쓰이며 기력이 없고 손발이 차고 배가 찬 사람에게 도움이 됩니다. 부추에는 특유의 향을 내는 황화알릴 성분이 풍부한데 피로회복과 활력을 높여주는 기능을 합니다. 이 성분의 경우 생식으로 먹을 때 더 좋은 효과를 발휘합니다.

노화 방지에 좋은 채소보양탕

재료

무 90g, 브로콜리 75g, 표고버섯 2~3개, 케일 5장, 홍고추 1개, 은행 2~3알, 들기름 1T

양념

들깻가루 2T, 한식간장 1/2T, 천일염 2/3t, 통후추 약간

채수

캐슈너트 2T, 황잣 1T, 물 3C

만드는 법

1. 케일은 깨끗이 씻어 먹기 좋은 크기로 썬다.
   브로콜리는 한입 크기로 썬다.
   무는 나박나박 썬다.
   표고는 모양대로 얄팍하게 썬다.
   홍고추는 꼭지를 떼고 송송 썬다.
2. 믹서기에 잣, 캐슈너트와 물을 넣고 곱게 간다.
3. 냄비에 들기름과 무, 표고버섯을 함께 넣어 볶은 후 채수를 넣고 10분 정도 끓인다.
4. 들깻가루, 천일염으로 간을 한 후 케일, 브로콜리, 홍고추를 넣고 한번 끓어오르면 마무리한다.
5. 은행을 다져 고명으로 사용한다.

요리팁 ▸

케일과 브로콜리를 마무리 단계에 넣으면 특유의 향이 반감 되고 식감도 살릴 수 있습니다. 양배추와 단호박을 넣으면 조금 더 구수하고 담백한 국물을 맛볼 수 있으며 위장에 좋은 효능을 보입니다.

피부 건강을 돕는
새송이버섯파프리카꼬치

재료

새송이버섯 1개, 파프리카 1개, 대파 1/2대, 조랭이떡 50g , 은행 10알

간장 소스

유기농설탕 1T, 매실청 1T, 한식간장 2t, 다진 생강 1t, 계핏가루 약간, 채수 1/4C

만드는 법

1. 새송이버섯은 한입 크기로 썬다.
   파프리카는 꼭지를 뗀 후 2cm 크기로 썬다.
   대파도 같은 크기로 썬다.
2. 끓는 물에 은행을 넣고 살짝 데쳐 껍질을 벗긴다.
3. 조랭이떡도 살짝 데쳐 체에 밭친다.
4. 냄비에 분량의 간장 소스 재료를 넣고 끓어오르면 불을 줄인 다음 걸쭉한 농도가 되면 계핏가루를 넣어 마무리한다.
5. 파프리카, 대파, 새송이버섯, 조랭이떡, 은행 순으로 꼬치에 끼운 후 오일을 뿌린다.
6. 190도 오븐에서 20분 정도 굽는다.
7. 간장 소스를 고루 바른 후 토치로 불맛을 낸다.

요리팁 ▸

채소 꼬치에 들어갈 채소는 가을 섭생, 호흡기질환에 도움이 되고 면역력을 높이는 채소로 꼬치를 만들면 도움이 된다. 연근, 우엉, 마 등으로 대체하여도 좋으나 단단한 채소는 굽는 시간을 맞추기 위해 좀 더 얇게 써는 것이 좋다.

가을의 비타민 C
된장배추롤

재료

알배추 1/4포기, 유부 6개, 숙주 한 줌, 홍고추 1개

양념

한식간장 1T, 조청 1T, 된장 1t, 참기름 1t, 다진 생강 1/2t, 채수 1/4T

만드는 법

1. 배춧잎은 끓는 물에 1분 정도 데친 후 체에 밭쳐 물기를 꼭 짠다.
2. 유부는 반을 가르고 이등분으로 썬다.
3. 양파는 곱게 채를 썬다.
4. 숙주는 깨끗이 씻어 끓는 물에 살짝 데친다.
5. 배춧잎 끝 쪽에 유부를 깔고 양파, 숙주를 올린 후 돌돌 만다.
6. 팬에 분량의 양념을 넣고 바글바글 끓어오르면 배추롤을 넣고 뚜껑을 닫고 살짝 졸이듯 익힌다.
7. 고명으로 홍고추를 올린다.

요리팁 ▸

만두피 대신에 배춧잎으로 배추만두를 만들거나, 배추만두전골로 활용하면 좋습니다.

배추만두는 배춧잎은 찌고 다진 채소와 으깬 두부로 만두소를 만들어 배춧잎으로 돌돌 말아 만듭니다. 찜으로 하는 조리법의 경우 수분을 머금은 부드러운 형태는 소화를 도와주는데 여기에 양념으로 유자청, 매실청을 첨가하면 비위장 기능을 도울 수 있어 함께 만들어 먹으면 좋습니다. 전골로 조리할 때는 식물의 유효성분이 국물로 나와 몸이 쉽게 흡수할 수 있도록 도움을 주게 되므로 다양한 조리법으로 배추를 활용해 보시기 바랍니다.

코, 목의 건조함에 좋은 더덕솥밥과 더덕장

재료

쌀 1C, 더덕 100g, 고추 1/2개, 흑임자 약간

더덕장

더덕 50g, 고추 1/2개, 고추장 1T, 고춧가루 1/2T, 매실청 1/2T, 설탕 1t, 들기름 1t, 한식간장 1/2t, 생강즙 1/2t

더덕유장

더덕 50g, 들기름 1/2T, 한식간장 1t

만드는 법

1. 더덕은 껍질을 벗긴 후 길게 이등분한 뒤 밀대로 두드려 얇게 채를 썬다.
2. 고추는 꼭지를 떼고 송송 썬다.
3. 볼에 분량의 더덕장, 더덕유장 양념을 만들어 소스를 완성한다
4. 더덕의 반은 더덕유장을 바르고, 나머지 반은 잘게 다져 더덕장으로 만든다.
5. 쌀은 깨끗이 씻어 채반에 밭쳐 30분 불린다.
6. 솥에 쌀과 더덕유장으로 양념한 더덕을 올려 밥을 짓는다.
7. 더덕밥과 더덕장을 곁들인 후 고명으로 흑임자를 올린다.

요리팁 ▸

더덕을 자르면 단면에서 하얀 유액이 흘러나오는데 이 유액 안에 살균작용이 뛰어난 사포닌이 많이 함유되어있습니다. 사포닌은 물에 잘 녹는 성질이기 때문에 요리하기 전 물에 담그는 것은 추천하지 않습니다. 더덕은 탕탕 두드려 조리하면 영양흡수 면에서 더 좋고 맛도 부드러워집니다.

마른기침에 도움되는
연근배겨자냉채

재료

연근 210g, 배 1/4개, 깻잎 3~4장

양념

한식간장 1.5T, 빻은 참깨 1.5T, 와사비 1/2T, 매실청 2t, 참기름 1t

만드는 법

1. 연근은 껍질을 채소솔로 깨끗이 씻고 0.3cm 두께로 썬 후 끓는 물에 살짝 데쳐 체에 밭쳐 물기를 제거한다.
2. 배는 껍질을 벗겨 납작하게 썬다.
3. 볼에 분량의 양념 재료를 넣고 고루 섞는다.
4. 3에 연근, 배, 양념을 넣고 버무린 후 마지막에 참깨를 넣는다.
5. 고명으로 깻잎을 수북이 올린다.

식물약성

배는 성질이 차서 가을의 건조한 날씨에 맞을까 생각되지만 열과 기침이 나는 증상을 치료하고 갈증을 멎게 하는 데 도움이 됩니다. 이유는 배는 수분함량이 85% 이상의 대표적인 알칼리성식품이어서 건조한 몸에 수분을 공급해주고, 아라비노스와 루테올린이라는 성분이 들어 있어 가래나 기침과 같은 증상에 도움을 주기 때문입니다. 다른 과일과 마찬가지로 항산화물질과 식이섬유도 풍부한 배. 배 껍질에는 식이섬유와 약성인 플라보노이드 성분, 항산화 성분이 알맹이에 비해 5배 정도 많다고 하니 알맹이와 배 껍질은 함께 먹는 것이 좋겠습니다. 배 껍질의 경우 양파껍질과 마찬가지로 채수를 만들어 국이나 찌개에 활용하면 좋습니다.

심혈관질환 예방
버섯올리브두유리소토

재료

표고버섯 3개, 미니 새송이버섯 6개, 마늘 4개, 올리브 1알, 캐슈너트·잣 3T, 소금·후추 약간, 현미밥 300g

소스

들깻가루·캐슈너트·잣 3T, 천일염 1t, 한식간장 1t, 두유 1C, 물 1.5C

만드는 법

1. 믹서에 분량의 소스 재료를 넣고 곱게 갈다.
2. 버섯은 가늘게 찢는다. 마늘은 편으로 썬다. 올리브는 씨를 제거한 후 다진다.
3. 달군 팬에 기름을 살짝 두르고 마늘을 노릇하게 볶은 후 표고버섯, 새송이버섯을 넣고 중약불에서 10분 정도 볶으며 소금, 후추로 양념한다.
4. 소스를 함께 넣고 10분 정도 끓여 걸쭉하게 만든다.
5. 밥을 넣고 밥알이 풀어지도록 고루 섞은 후 고명으로 다진 올리브를 올린다.

요리팁 ▸

리소토는 찬밥을 활용하기 참 좋은 메뉴입니다. 소스만 간단히 만들어두면 건강한 한 끼 식사가 됩니다.

채소약성

잣, 캐슈너트 등의 견과류는 불포화지방산이 풍부해 피부의 면역력을 지켜주는 작용을 하여 가을, 겨울 찬바람이 들어오지 못하도록 피부 표면의 유막을 만들어주는 작용과 폐 기능을 튼튼하게 하고 피부에 윤기를 주어 피부알레르기 개선에 도움을 줍니다. 가을철에는 피부가 건조하여 각질, 가려움증으로 고생하는 사람이 많은데 견과류를 활용하여 음식을 만들면 도움이 됩니다. 또한 마른 사람은 잣의 비율을 더 많이 넣는 것이 도움이 됩니다.

감기·몸살 초기
대파뭇국

재료

무 200g, 새송이버섯 3개, 대파 3대, 고추 1개, 채수 5C

양념

한식간장 2.5T, 소금 1/2t

고추기름

고춧가루 2.5T, 기름 2T

만드는 법

1. 대파는 5cm 크기로 썰고 반을 가른다.
   무는 나박나박 썬다.
   새송이버섯은 편으로 썰어 가늘게 찢는다.
2. 냄비에 분량의 고추기름 재료를 넣고 달구어지면
   무, 대파를 넣어 10분 정도 볶은 후 채수를 넣고 끓인다.
3. 2번이 끓어오르면 새송이버섯을 넣고 20분 정도 끓인 후
   양념과 고추를 넣고 조금 더 끓인다.

식물 약성

대파는 한식에 빠질 수 없는 식재료로 생으로 먹으면 매운맛을 내지만 익히면 은은한 단맛을 내어 향신채소로 활용되고 있습니다. 대파는 부분별로 다양한 영양소를 함유하고 있습니다. 우선 푸른 부분은 끈적한 프룩탄이란 물질이 풍부한데, 이 프룩탄은 장 기능을 좋게 해 면역력 향상과 혈당 조절에 도움을 줍니다. 또한 칼슘도 풍부해 뼈 건강에도 좋습니다. 다음으로 대파의 흰 부분에는 플라보노이드라는 항산화 성분이 풍부한데 이는 면역력 강화에 탁월한 효능이 있으며 특히 기관지, 폐, 호흡기 등에 발생하는 염증을 제거하는 효과가 뛰어납니다. 그리고 따뜻한 성질의 파 뿌리에 강력한 살균 작용을 하는 알리신과 비타민 C가 풍부해 몸을 따뜻하게 해 혈액순환을 좋게 하며, 염증 제거와 면역력을 좋게 하는 성분이 모두 들어 있어 해열에 좋은 작용을 합니다.

변비에 좋은
세발나물감자찜

재료

감자 1개, 고추 1개, 세발나물 한 줌

고추 양념장

다진 고추 1개. 한식간장 1.5T, 고춧가루 1/2t, 참기름 1/2t, 빻은 참깨 1t

만드는 법

1. 세발나물은 깨끗이 씻어 먹기 좋은 크기로 썬다.
2. 감자는 깨끗이 씻어 강판에 간다. 그 다음 체에 밭쳐 감자의 건더기와 물을 제거한 후 가라앉은 전분을 함께 사용한다.
3. 볼에 2번의 감자반죽, 세발나물, 소금을 약간 넣어 동그랗게 모양을 만든다.
4. 김이 오른 찜기에 젖은 면 보자기를 깔고 감자 반죽을 수저로 동그랗고 납작하게 올려 10분 정도 찐다.
5. 고추는 송송 썰어 분량의 양념장 재료와 함께 섞어 고추 양념장을 만든다.
6. 그릇에 감자찜을 담고 고추 양념장을 곁들인다.

요리팁 ▸

세발나물을 고를 때는 잎과 뿌리가 잘 붙어있는지 확인하며 손가락으로 눌렀을 때 탄력이 있고 시들지 않은 것을 고릅니다.

감자 반죽은 약간 질게 느껴질 정도로 반죽하는 것이 좋고, 익은 것을 확인할 때는 감자찜을 반으로 갈라 흰 부분이 없는지 확인하면 됩니다.

채소약성

새의 발처럼 생겨서 이름 지어진 **세발나물**은 해안가에서 염분을 먹고 자라는 염생식물로 현지에서는 갯나물이라고도 부릅니다. 염생식물이어서 자연의 짠맛을 가지고 있어 신장 방광에 좋은 작용을 하며 미네랄이 풍부해 당뇨, 콜레스테롤, 변비에 좋은 식재료입니다. 또한 식이섬유가 풍부해 노폐물 배출에도 좋습니다.

비 오는 날
두부산초구이참나물샐러드

재료

두부 1/2개, 참나물 한 줌, 래디시 1~2개

산초소금

빻은 참깨 1T, 함초소금 1/2t, 산초가루 1/3t, 후추 약간

참나물 양념

들기름 1t, 천일염 1/3t

만드는 법

1. 두부는 편으로 1.5cm 크기로 두툼하게 썬 다음 소금을 뿌려 물기를 제거한 후 종이행주로 가볍게 눌러가며 수분을 제거한다.
2. 참나물은 깨끗이 씻어 체에 밭쳐 물기를 제거하고 먹기 좋은 크기로 썬다.
3. 래디시는 얇게 슬라이스로 썬다.
4. 달군 팬에 기름을 넉넉히 두르고 두부를 앞뒤로 노릇하게 굽는다.
5. 볼에 분량의 산초소금을 만들어 두부를 넣고 앞뒤로 버무린다.
6. 볼에 참나물 양념을 넣고 참나물, 래디시를 넣어 가볍게 버무린다.
7. 접시에 참나물을 담고 두부를 올린다.

요리팁 ▸

두부는 각이 생길 정도로 바싹하게 굽고 뜨거울 때 산초 소금을 버무려 양념이 배도록 합니다. 비오는 날은 습도가 높아 양적인 에너지를 줄수 있는 조리법을 활용하면 좋습니다. 또한 두부의 바삭한 식감은 꿉꿉한 기분을 없애는데 도움이 됩니다.

채소약성

산초는 음식 비린내와 독을 풀어주는 효능이 있어 각종 생선요리에 쓰는 향신료입니다. 독특한 향과 맵고 강렬하게 톡 쏘는 맛이 특징으로 매운맛, 따뜻한 성질로 복부를 따뜻하게 하며 소화불량과 같은 위장병에 효과가 있습니다. 산초의 정유와 타닌은 항균 작용이 뛰어나 몸 안의 바이러스, 세균 등을 내보내기 때문에 봄철 미세먼지, 황사 등으로 기관지가 약해져 있을 때나 기관지나 인후부의 점막이 건조해져서 기침할 때 산초기름을 먹으면 도움이 됩니다. 또한 몸속 회충을 없애주는 구충제 역할도 합니다.

몸이 잘 붓고 무거울 때
양파김치

재료

양파 5개, 무 150g, 당근 1/5개, 부추 35g, 율란 2개

양념

배·사과 1/4개, 고춧가루 6T, 한식간장 3T, 매실청 3T, 찹쌀풀 2T, 생강 2T, 천일염 2t, 설탕 1T

찹쌀풀

찹쌀가루 4T, 다시마 물 1.5C

절임물

천일염 2T, 물 2C

만드는 법

1. 양파는 껍질을 제거한 후 깨끗이 씻어 위쪽에 벌집 모양으로 칼집을 낸다.
2. 절임물에 양파를 2~3시간 정도 담가 칼집 낸 부분이 벌어지도록 절인다.
3. 무, 당근은 곱게 채를 썬다, 부추는 1cm 크기로 썬다. 율란은 0.2cm 두께로 썬다.
4. 냄비에 찹쌀풀 재료를 넣고 잘 섞은 후 불 위에서 잘 저어 요거트 농도가 되도록 끓인다음 차게 식힌다.
5. 믹서에 배, 사과, 생강을 넣어 곱게 간 후 분량의 양념재료를 추가하여 고루 섞는다.
6. 볼에 무, 당근, 부추와 양념을 넣어 잘 버무린다.
7. 절인 양파는 물기를 제거한 후 칼집을 내고 소를 수북히 넣는다.
8. 밀폐용기에 담아 실온에서 숙성한 후 냉장 보관한다.

요리팁 ▸

양파를 가로로 반으로 썰면 간이 더 잘 배고 절임물의 소금 양을 늘리면 절이는 시간을 단축할 수 있습니다. 양파를 먹기 좋은 크기로 썰어 겉절이로 만들어 먹어도 좋습니다.

식물약성

양파로 만든 김치는 특히 양파의 퀴세틴 성분의 영향으로 지방 축적을 막아 비만 유병률을 낮추는 효과가 큽니다. 한의학에서 양파는 매운맛의 따뜻한 성질을 지녀 기를 잘 통하게 하고 비위를 튼튼하게 만들며 피로회복과 노화를 막는 장수 식품으로 활용해 왔습니다. 보통 매운맛하면 속이 쓰리지 않을까 걱정하지만 양파의 황화알릴 성분으로 인해 오히려 소화를 돕는다고 합니다. 그 외에도 알리신 성분으로 강한 살균 작용을 하므로 유해균이나 바이러스, 각종 독성으로부터 몸을 보호해주는 좋은 작용을 합니다.

겨울 冬

7

겨울 채소로
에너지와 기운을 저장하고
춥고 건조함을 채우다

겨울 채식약선 섭생법

겨울이 되면 나무는 잎을 떨어뜨려서 영양분의 소모를 최소화하며 동물 역시 동면에 들어가 에너지 낭비를 줄입니다. 자연과 사람 모두 저장과 휴식을 통해 겨울을 보내는 것입니다. 자연의 경우 씨앗이 발아하기 위해 땅속에서 잠재력을 키우는 기간이고, 사람의 경우 농사철이 지나 월동준비를 하고 긴 휴식 기간 번뜩이는 아이디어를 만드는 등 삶을 역동시키는 중요한 충전의 시간을 갖습니다. 즉 겨울은 저장과 휴식의 계절로 휴식, 잠 등을 통해 긴장했던 몸과 마음을 이완하고 회복, 충전하는 시기입니다. 기후적으로도 차가운 온도로 인해 칼로리 소모가 커지는 계절이기도 합니다. 따라서 영양 보충을 위해 단백질함량이 높으며 비타민, 무기질, 불포화지방산이 풍부한 음식을 먹고 따뜻한 성질, 따뜻한 온도, 따뜻한 기운으로 음양의 조화를 맞추어 겨울의 어둡고 음적인 기운이 밝은 기운을 누르지 않도록 합니다.

이러한 겨울의 생리에 맞는 식재료로는 건나물, 견과류, 찰진 음식 등이 있습니다. 건나물은 말리는 과정에서 수분은 날아가고 비타민과 미네랄 같은 영양분이 농축되어 겨울에 부족하기 쉬운 영양을 보충해줍니다. 유독 추위를 많이 타고 집에서도 양말을 신고 있어야 하는 분이나 소음인은 겨울에 건나물로 솥밥, 나물 반찬으로 많이 해 드시면 도움이 됩니다. 견과류와 종실류에는 불포화지방산이 풍부해 영양을 보충하며 건조해진 피부를 보호하고 추위를 막아주는 효능이 있어 역시 겨울철 중요한 식재료입니다. 찰기는 있는 식재료도 잘 활용하면 좋습니다. 이런 음식 재료들은 피부를 두껍게 해 겨울 추위를 대비하는 효과가 있는데 메밀묵, 찹쌀떡, 동지팥죽의 새알이 대표적인 찰진 음식으로 겨울에 많이 먹었던 간식이었습니다.

그리고 당연한 이야기 같지만, 마늘과 같은 따뜻한 성질의 식재료와 따뜻한 온도의 음식은 체내 열 손실을 막는 효능이 있어 겨울철뿐만 아니라 평소 배가 차고 손발이 찬 사람에게도 도움이 되는 섭생법입니다. 그러나 이런 식재료만 고집할 필요는 없습니다. 같은 식재료라 하더라도 건조하거나 익히거나 발효하는지에 따라 성질이 변하기 때문에 적절한 조리법을 적용해 체질과 증상에 맞게 긴 겨울을 슬기롭게 나는 것이 필요합니다.

겨울의 식재료

배추, 귤, 석류, 무, 고구마, 우엉, 시금치, 콜라비, 브로콜리, 말린 봄나물, 무말랭이, 시래기, 늙은호박, 연근, 콩나물, 돌산갓, 총각무, 김, 톳, 파래, 모자반, 매생이, 꼬시래기, 건고사리

신장

현대 의학에서 신장은 보통 노폐물을 여과하는 장기로만 알고 있지만, 한의학에서의 신장은 좀 더 포괄적인 의미를 갖습니다. 한의학에서는 사람을 정, 기, 신으로 나누어 구분합니다. 정은 생명의 원천, 기는 에너지, 신은 정신을 의미하는데 여기에서 정이 가리키는 장기가 바로 신장입니다. 보통 '정력이 좋다'라는 의미에서도 많이 쓰이는데, 부신의 호르몬과도 밀접한 관련이 있으므로 맞는 해석일 수 있겠습니다. 즉 신장을 근본적인 에너지로 해석하면 인체의 생장과 발육, 노화와 수명과도 밀접한 관련이 있음을 알 수 있습니다. 따라서 신장이 약해지면 배설의 문제와 생식기능의 문제뿐 아니라 다른 기관들도 연결되어 문제가 생깁니다. 대표적으로 관절과 뼈의 문제가 생기는데 한의원에 무릎이 아파갔을 때 신장을 진찰하는 것도 그 연장선에 있습니다. 또한 추위에도 약해지고 피로감도 심해집니다. 신체뿐만 아니라 정신적으로도 몸의 에너지가 고갈되어 불안감, 공포감 등이 심해지고 잠도 깊게 자지 못하게 됩니다.

겨울 채소로 에너지와 기운을 저장하고,

춥고 건조함을 채우다

01 미네랄 듬뿍 톳당근솥밥

02 장을 깨끗이 청소해주는 톳두부동그랑땡

03 자양 강장 들깨감자미역국

04 노폐물, 숙변 제거 미역귀콩죽

05 골다공증에 도움 되는 곤드레나물두부선

06 빈혈 예방 취나물연잎밥

07 식이섬유가 풍부한 새송이버섯된장구이

08 얼굴이 수시로 부을 때 새송이버섯말랭이콩조림

09 혈관 찌꺼기 청소 우엉올리브솥밥

10 호흡기질환에 도움되는 브로콜리파프리카찜낫토소스

11 강력한 항산화 울금마솥밥

12 간 수치 낮추는 고사리잡채

13 빈혈 예방 들깨고사리파스타

14 몸이 으슬으슬 추울 때 고사리해장국

15 활력이 필요할 때 시금치콩국

16 뼈 건강 시래기나물조림

17 면역력을 높이는 양파무조림

18 겨울 변비 꼬시래기셀러리무침

19 겨울 보약 무말랭이꼬시래기볶음

20 청정한 장관리 해초비빔밥

01

미네랄 듬뿍
톳당근솥밥

재료

마른 톳 20g, 당근 1/4개, 쌀 1.5C

양념

한식간장 2t, 설탕 2t, 참기름 1t

만드는 법

1. 마른 톳은 미지근한 물에 15분 정도 불린다.
2. 당근은 가늘게 채를 썬다.
3. 쌀은 깨끗이 씻어 체에 밭쳐 30분 정도 불린다.
4. 팬에 기름을 두르고 당근을 충분히 볶다가 톳과 양념을 함께 넣고 조금 더 볶는다.
5. 솥에 쌀, 당근, 톳을 올리고 동량의 물을 넣고 밥을 짓는다.

요리팁 ▸

유부도 추가해 넣으면 단백질도 보충되며 한 그릇만으로도 건강한 식사가 됩니다.

채소약성

짠맛은 밖으로 밀어내는 힘을 갖고 있습니다. 그래서 짠맛은 우리 몸에서도 짜내는 힘, 밀어내는 작용으로 노폐물을 배설 처리하는 역할을 합니다. 즉 몸속의 병적인 습기와 부기를 삼투시켜 빼내는 작용을 하는 것입니다. 예를 들면 톳, 함초, 세발나물, 김, 꼬시래기 등은 약한 짠맛을 띠는데 체액을 순환시켜 소변을 잘나가게 하는 공통된 특징이 있어 혈액을 맑게 하는 효능이 있습니다. 특히 톳은 각종 비타민과 칼슘, 요오드, 철분 등 무기질이 풍부한 알칼리성식품으로 '바다에서 건진 칼슘제'라고 불리며, 뼈를 단단히 해야 하는 성장기, 노인에게 좋은 식재료입니다.

02

장을 깨끗이 청소해주는
톳두부동그랑땡

재료

톳 50g, 무 50g, 두부 1/3모, 당근 1/3개, 홍고추 1개

양념

소금 1/2t, 후추 약간

만드는 법

1. 두부는 소금을 뿌려 물기를 제거한 후 칼등으로 으깬다.
2. 톳은 깨끗이 씻은 후 잘게 다진다.
   홍고추는 송송 썬다.
3. 무, 당근을 곱게 채를 썬 다음 소금을 뿌려 살짝 절인 후 물기를 가볍게 짠다.
4. 볼에 두부, 무, 당근, 톳을 넣고 양념을 넣어 반죽한다.
5. 반죽을 잘 치댄 후 동그랗게 모양을 만든다.
6. 달군 팬에 기름을 넉넉히 두르고 두부를 앞뒤로 노릇하게
   구운 후 고추를 올린다.

요리팁 ▸

무와 당근을 소금에 절여 물기를 제거하면 톳과 같이 꼬들꼬들한 식감으로 즐길 수 있고, 반죽이 질척이지 않아 밀가루를 따로 넣지 않아도 됩니다.

03

자양 강장
들깨감자미역국

재료

감자 2개(160g), 느타리버섯 80g, 마른미역 10g, 들기름,2t, 현미유 1t, 물 6C

양념

들깻가루 4T, 한식간장 2.5T, 천일염 2/3t

만드는 법

1. 마른미역은 물에 담가 부드럽게 불려 먹기 좋은 크기로 썬다.
2. 감자는 큼직하게 썬다.
   느타리버섯은 밑동을 자른 후 손으로 가늘게 찢는다.
3. 냄비에 들기름+기름을 두르고 감자, 미역을 넣어 약불에서 10분 정도 볶는다.
4. 3번의 냄비에 물을 붓고 느타리버섯을 넣고 20분 정도 끓인다.
5. 양념을 넣고 5~10분 정도 더 끓인 후 마무리한다.

요리팁 ▸

감자미역국에 잣을 갈아 넣으면 영양이 더욱 가득해져 컨디션이 안 좋을 때 도움이 되며 간단히 밥을 대신할 수 있습니다.

식물약성

예로부터 산모들이 먹으면 좋은 음식으로 미역국을 떠올릴 만큼 에너지 보전에 필요한 영양분이 풍부한 것이 바로 **미역**입니다. 특히 철분과 요오드 성분이 풍부한데요. 요오드는 뼈 발달과 성장에도 중요합니다. 또한 미역 속 후코이단, 알긴산 등의 성분은 장 건강을 도와 배변 활동을 원활하게 해주고 독소를 배출하는 것을 돕습니다.
날씨가 선선해지면 소화가 더 잘 안 되는 경우가 있으며 비위의 기능이 약하면 더욱 그렇습니다. 그럴 때는 감자를 넣고 감자미역국을 끓이면 도움이 됩니다. 감자는 소화를 돕는 성분이 풍부하고 미역은 보혈 작용을 하여 에너지를 채워주는 데 도움을 줍니다. 특별히 들깨를 넣고 양념을 하면 들깨는 양적 성질로 몸을 따뜻하게 하는 효능이 있어 날씨가 추워지면서 손발이 차 고생을 하는 경우 도움이 됩니다.

04

노폐물, 숙변 제거
미역귀콩죽

재료

미역귀 15g, 삶은 콩 1/2C, 쌀 1/2C, 참깨·들깨·흑임자 1t, 물 5C

양념

천일염 1/2T, 들기름 1t

만드는 법

1. 미역귀는 깨끗이 씻어 물을 넣고 불린 후 다진다.
2. 콩은 반나절 불려 끓는 물에 15분 정도 삶는다.
3. 삶은 콩과 삶은 콩물 1C을 넣고 믹서에 곱게 간다.
4. 3번과 쌀을 넣고 미역귀 불린 물을 넣고 20분 정도 끓인 후 다진 미역귀를 넣는다.
5. 들기름을 넣고 빻은 참깨·들깨·흑임자를 고명으로 올린다.

식물 약성

암 환자를 위한 영양제를 검색해보면 후코이단이라는 성분이 많이 나오는데 이 후코이단이 풍부한 대표적인 식재료가 **미역귀**입니다. 천연 항암물질로 알려진 후코이단 성분은 면역력 증진, 항암효과가 있고 기존에 발생한 암의 재발확률도 낮춰주는 효능이 있습니다. 신장의 기능도 도와 독소 배출, 정화, 해독작용도 돕습니다. 또한 요오드가 풍부해서 콜레스테롤, 당뇨, 갑상샘 건강, 중금속 배출에 도움을 주는데, 특히 중금속 배출이 되는 귀한 식재료로서 현시대에 가장 필요하므로 약재에 가깝다고까지 할 수 있습니다. 일본에서 히로시마 원전 사고 때 미역귀를 많이 먹었던 사실을 보면 오염물질이 많은 이 시기에 꼭 섭취해야만 하는 식재료임이 틀림없습니다.

골다공증에 도움되는
곤드레나물두부선

재료
두부 1/4모, 삶은 곤드레나물 20g

양념
한식간장 1t, 매실청 1t, 들기름 1t, 다진 마늘 1/2t

참깨소금
빻은 참깨·천일염·훈제 파프리카 약간씩

만드는 법
1. 두부는 두꺼운 삼각형 모양으로 자르고 가운데에 칼집을 넣은 후 소금을 살짝 뿌려 물기를 제거한다.
2. 달군 팬에 기름을 넉넉히 넣고 두부를 앞뒤로 노릇, 바싹하게 굽는다.
3. 곤드레나물은 잘게 썰어 분량의 양념을 넣어 조물조물 무친다.
4. 달군 팬에 곤드레나물을 넣어 볶는다.
5. 식힌 두부에 곤드레나물을 채워 넣은 후 참깨소금을 뿌린다.

요리팁 ▸

말린 곤드레는 물에 반나절 정도 담갔다가 끓는 물에 40분가량 삶아준 뒤 불을 끄고 삶은 물에 20분 정도 담가 충분히 불려줍니다. 곤드레를 볶을 때에는 충분히 볶은 후에 양념을 넣어주세요. 너무 일찍 넣으면 부드러움이 반감될 수 있기 때문입니다. 볶을 때 기름 혹은 물로 볶아도 좋습니다.

식물약성

곤드레의 정식 이름은 '고려엉겅퀴'입니다. 그런데 바람에 줄기가 흔들리는 모습이 술에 취한 사람과 같다고 하여 곤드레라고 불렸다고 합니다. 곤드레에는 특히 칼슘, 인, 철분이 많이 함유되어있어 뼈를 튼튼하게 하고 빈혈을 예방해주는데요. 이 성분 이외에도 엽산이 풍부합니다. 엽산은 기형아 예방과 양수 막 건강에 중요한 영양소여서 임산부나 산모에게 좋은 나물 반찬입니다. 곤드레의 뿌리는 말린 후 달여 마시면 신경통 완화에 효과적이므로 뿌리도 버리지 않고 먹으면 좋습니다.

06

빈혈 예방

취나물연잎밥

재료

삶은 취나물 35g, 연잎 1장, 찹쌀현미 1C, 현미 1/2C

취나물 양념

간장 1/2T, 들기름 1t

만드는 법

1. 취나물은 끓는 물에 40분 정도 삶은 후 그 물에 1시간 정도 그대로 둔다. 그런 다음 물기를 꼭 짜고 먹기 좋은 크기로 썬다.
2. 볼에 분량의 양념과 취나물을 넣고 고루 무친 후 현미밥에 양념한 취나물을 넣고 고루 섞는다.
3. 연잎은 3~4장이 나오도록 자른 다음 취나물밥 150g을 올려 감싼다.
4. 찜통에 김이 오르면 3번의 연잎밥을 올려 20분 정도 찐다.

요리팁 ▸

취나물연잎밥은 찹쌀현미로 만들면 현미의 고소하고 쫀득한 식감에 연잎향이 깊이 베어 식어도 윤기와 찰기가 있고 찜통에 다시 쪄내게 되면 갓 지은 듯한 촉촉한 현미밥을 맛볼 수 있습니다. 또한 산행이나 캠핑을 할 때 밀키트로 활용하는 등 외출시에도 간편하게 드실 수 있습니다.

07

식이섬유가 풍부한
새송이버섯된장구이

재료

새송이버섯 300g, 부추·참깨 약간

양념

된장 1.5T, 조청 1T, 생강 1/2T, 한식간장 2t, 참기름 1t

만드는 법

1. 새송이버섯은 젖은 종이행주로 가볍게 닦은 후 1cm 두께로 두께로 설고 격자무늬로 칼집을 낸다.
2. 부추는 깨끗이 씻어 물기를 제거한 후 송송 썬다.
3. 볼에 분량의 된장 양념을 넣고 고루 섞는다.
4. 새송이버섯에 양념을 넣고 10분 정도 재워둔다.
5. 달군 팬에 기름을 두르고 새송이버섯을 앞뒤로 노릇하게 굽고 고명으로 부추, 참깨를 뿌린다.

요리팁 ▸

새송이버섯을 양념에 너무 오래 재워두면 버섯에서 물이 나오므로 10분 안팎으로만 절입니다.

식물약성

자야 할 시간에 긴장과 심리적인 두려움, 걱정이 있으면 잠을 이루기 어렵게 됩니다. 이때 마음을 가라앉히는 식재료, 심리적 안정감을 가져다주는 식재료를 가지고 요리를 하면 도움이 됩니다. **버섯**은 불안한 마음을 없애주고 스트레스를 해소해줘 불면증, 불안함이 많을 때 도움이 됩니다. 작은 일에도 잘 놀래는 사람도 역시 버섯류로 다양한 음식을 해 먹는 것이 좋습니다.

얼굴이 수시로 부을 때
새송이버섯말랭이콩조림

재료

메주콩 1/2C, 말린 새송이버섯 10g

양념

한식간장 1T, 설탕 1T, 조청 1T, 참기름 1T, 참깨 1t, 채수 1/2C

만드는 법

1. 콩은 문질러 씻어 흐르는 물에 헹군다.
2. 팬에 콩을 넣고 볶는다. 탁탁 소리가 나게 콩이 튀면서 노릇하게 볶아지면 불을 끈다.
3. 말린 새송이는 물에 잠시 담가 불린 후 물기를 꾹 짠다. 그런 다음 먹기 좋은 크기로 썬다.
4. 냄비에 말린 새송이버섯, 콩, 양념을 넣고 윤기 나게 조린다.

요리팁 ▸

버섯은 스펀지처럼 물을 흡수해버리는 데다가 영양성분들은 물에 잘 녹아 버섯을 물로 씻으면 식감도 좋지 않고 영양도 많이 손실됩니다. 따라서 버섯의 올바른 세척법은 마른 종이행주로 버섯 표면의 이물질, 먼지 등을 부드럽게 닦아내고 버섯의 아래쪽은 칼로 연필 깎듯이 지저분한 부분만 손질하면 됩니다.

채소약성

신선한 **버섯**은 빠르게 상하기 때문에 오래 보관하려면 건조하는 방법이 가장 좋습니다. 게다가 건조과정을 거치면서 버섯의 영양성분 중 비타민, 미네랄이 응축, 증가하는 장점이 있는데, 특히 햇볕에 말려주면 비타민 D가 더욱 풍부해진다고 합니다. 버섯에는 베타글루칸이라는 성분이 풍부하여 면역 체계를 활성화하고 강화하는 효과가 있어 감기, 감염병 예방에 효과적이므로 겨울 다양한 요리에 적극적으로 활용하면 좋습니다.

09

혈관 찌꺼기 청소
우엉올리브솥밥

재료

우엉 70g, 올리브 1개, 홍고추 1/2개, 쌀 1.5C

우엉 양념

한식간장 1t, 들기름 1t

양념

한식간장 1t, 매실청 1t, 다진 고추 1/2개

만드는 법

1. 우엉은 껍질째 깨끗이 씻어 곱게 채를 썬다.
2. 달군 팬에 기름을 살짝 두르고 우엉을 볶은 후 양념을 넣어 조금 더 볶는다.
3. 올리브는 굵게 다진다.
4. 쌀은 깨끗이 씻어 체에 밭쳐 30분 정도 불린다.
5. 우엉, 올리브, 동량의 물을 넣고 밥을 짓는다.
(물이 끓어오르면 약불에서 15분, 불을 끄고 5~10분간 뜸 들인다)
6. 고추를 다져 양념장을 만든다.

식물 약성

올리브는 대표적인 장수 식품으로 불포화지방산과 항산화물질이 풍부합니다. 올레산이 풍부해 염증을 줄여주고 인슐린 감수성을 증가시켜 혈당 조절에 좋으며 특히 심장병 예방에 좋습니다. 건강한 지방도 많아 나쁜 콜레스테롤을 줄여주어 혈압 조절을 도와줍니다. 그 밖에도 비타민 A와 E를 함유해 피부를 촉촉하고 부드럽게 유지하는 데 도움이 됩니다.

호흡기질환에 도움 되는
브로콜리파프리카찜 낫토소스

재료

브로콜리 1/4송이, 파프리카 1개, 겨자, 참기름, 참깨

낫토 소스

낫토 1팩, 다진 대파 2T, 다진 마늘 1~2톨, 조청 1T, 참기름 1T, 한식간장 2t, 겨자 1t, 참깨 1t, 후추 약간, 물 2T

만드는 법

1. 브로콜리는 겉잎을 제거하고 질긴 밑동은 자른 후 먹기 좋은 크기로 썰어 깨끗이 씻는다.
2. 파프리카는 꼭지를 떼고 먹기 좋은 크기로 썬다.
3. 대파, 마늘은 다진다.
4. 팬에 분량의 낫토 소스를 넣고 고루 섞어 소스 농도로 끓인 다음 마지막에 참기름, 겨자, 참깨를 곁들인다.
5. 접시에 채소찜과 낫토 소스를 곁들인다.

재료가 가지고 있는 영양성분을 살리고 체내 흡수율을 가장 높이는 조리법으로 찜이 있습니다. 찜으로 조리하면 영양성분이 더 수렴되고 촉촉함도 증가해 입 마름, 갈증, 소화불량의 증상에 도움이 됩니다. 또한 기름을 이용하는 것보다 칼로리도 낮아 다이어트, 소화가 잘 안 되는 사람, 몸이 찬 사람에게 도움이 됩니다. 게다가 요리하기도 손쉬워 누구나 재료만 다듬어 찜기에 올리면 되니 자주 활용하면 좋겠습니다. 찜을 할 때는 계절에 맞춰 제철 채소를 활용하여 체질별, 증상별 나의 몸과 마음을 조화롭게 만들도록 식단을 구성해봅시다.

강력한 항산화
울금마솥밥

재료

마 1/3개, 들기름 1T, 소금 한 꼬집, 쌀 1C

약선물

울금가루 1t, 물 1C

양념장

달래 2T, 한식간장 1T, 들기름 1T, 참깨 1t, 고춧가루 1/2t

만드는 법

1. 마는 껍질을 벗기지 않고 깨끗이 씻는다.
2. 마를 얄팍하게 썬 후 들기름, 소금을 뿌려 잠시 둔다.
3. 물에 울금가루를 넣고 고루 섞어 약선물을 만든다.
4. 쌀은 깨끗이 씻어 체에 밭쳐 30분 정도 불린다.
5. 솥에 불린 쌀, 울금물, 마를 넣고 밥을 짓는다
6. 달래는 깨끗이 씻어 0.6cm 크기로 썰고 분량의 양념장 재료를 넣어서 달래양념장을 만든다.
7. 밥이 다 지어지면 울금마솥밥과 달래양념장을 곁들인다.

채소약성

본초학적으로 울금은 어혈을 풀어주는 약으로 혈액순환을 촉진하고 통증을 완화하는 효능이 있습니다. 울금의 커큐민은 강력한 항산화 성분으로 몸의 활성산소를 제거하는 역할을 하는데 미국 텍사스 주립대 암센터에 따르면 커큐민이 흑색종 세포 증식을 억제할 뿐만 아니라 암세포가 스스로 사멸하도록 유도하여 치매 예방 및 기억력 개선에 도움을 준다고 합니다. 울금은 보통 가루 형태로 사용하는데 다양한 요리에 활용할 수 있습니다. 가장 간편하게는 밥을 지을 때 한 순가락씩 넣으면 간단한 항염 약선밥이 됩니다.

간 수치 낮추는
고사리잡채

재료

고사리 150g, 당면 100g, 새송이버섯 3개, 양파 1/4개, 페페론치노 5개, 들깨 2t

소스

한식간장 2T, 설탕 2T, 들기름 1T, 매실액 2t, 천일염 1/4t, 후추 약간, 물 2T

만드는 법

1. 페페론치노는 작게 썬다.
2. 고사리는 먹기 좋은 크기로 썬다. 새송이버섯은 채를 썬다. 양파도 곱게 채를 썬다.
3. 볼에 분량의 간장 소스를 넣고 고루 섞는다.
4. 달군 팬에 기름을 두르고 페페론치노를 넣어 매운 향이 올라오도록 볶은 후 새송이버섯을 넣고 충분히 볶는다.
5. 4번의 팬에 당면, 간장소스를 함께 넣고 젓가락으로 저으며 익힌 다음 고사리, 양파를 함께 넣고 조금 더 볶은 후 마지막에 들기름을 넣는다.
6. 그릇에 고사리 잡채를 담고 들깨를 고명으로 얹는다.

식물약성

고사리는 산에서 나는 소고기로 불릴 정도로 영양소가 가득한 산나물입니다. 무기질이 많아 나물로 즐겨 먹으면 풍부한 영양에 비해 열량이 낮아 포만감을 주어 한그릇음식으로 활용하기 좋습니다. 또한 고사리는 식욕을 억제해 체중감량에도 좋습니다. 칼륨도 많아 몸의 나트륨 배출이나 부기 제거에 좋습니다. 고사리는 한방에서 몸의 열을 내리는 해열과 염증, 종기 등의 독을 해독하는 효능이 있다고 합니다. 따라서 몸이 나른하고 피로한 날, 스트레스가 많은 날, 고사리를 먹으면 몸과 마음의 노폐물 배출을 도울 수 있습니다.

빈혈 예방
들깨고사리파스타

재료

고사리 50g, 새송이버섯 1/3개, 대파 1/2대, 마늘 3~4개, 페페론치노 4개, 통후추·파프리카 가루 취향껏 , 스파게티 1~2인분

들깨 소스

들깻가루 1/4C, 소금 2/3T, 후추 약간, 두유 1C, 물 1C

만드는 법

1. 마늘은 편으로 썬다. 페페론치노는 작게 썬다. 고사리는 먹기 좋은 크기로 썬다. 새송이버섯은 편으로 썬다. 양파는 채를 친다. 쪽파는 송송 썬다.
2. 달군 팬에 기름을 두르고 페페론치노, 마늘, 대파를 볶아 마늘 향이 올라오도록 한 후 고사리, 새송이버섯을 넣고 볶는다.
3. 2에 들깨소스를 넣어 잘 어우러지도록 끓인다.
4. 끓는 물에 스파게티를 넣고 10분 정도 삶은 후 체에 건진다.
5. 팬에 들깨소스와 스파게티를 넣고 고루 버무린 후 마지막에 통후추, 파프리카 가루를 뿌린다.

요리팁 ▸

스파게티 대신 조랭이떡으로 활용하셔도 좋습니다.

채소약성

담미는 건강한 맛, 담백한 맛으로 오래 씹어야 나오는 풍미를 가진 은은한 단맛을 말합니다. 동의보감에서는 '담미는 오래 먹어도 부작용이 없으므로 사람에게 큰 공이 있다'라고 합니다. 몸에 좋은 음식은 신맛, 쓴맛, 매운맛, 짠맛이 나면서도 끝맛은 반드시 은은한 단맛이 납니다. 담미를 가진 음식들의 장점은 여러 가지가 있지만 침을 잘 나오게 해 몸을 보하고, 소화를 도우며, 소변을 원활하게 합니다. 점점 자극적인 맛, 단짠의 유혹에 빠진 현대 사회에 담미의 매력을 다시 한번 생각해보면 어떨까요?

몸이 으슬으슬 추울 때
고사리해장국

재료

무 150g, 삶은 고사리 60g, 고추 2개, 대파 1대, 표고버섯 1개, 들기름 약간, 채수 4C

고추기름

고춧가루 2T, 들기름 1T, 포도씨유 1T

양념

한식간장 2T, 들깻가루 2T, 고춧가루 1/2T, 다진 생강 1t, 천일염 2/3t, 후추 약간

만드는 법

1. 대파는 반으로 가른 뒤 5cm 크기로 썬다. 삶은 고사리나물은 잘게 다진다. 고추는 송송 썰고 무는 나박나박 썰고 표고버섯은 기둥을 떼어 모양대로 얄팍하게 썬다.
2. 냄비에 들기름, 포도씨유와 고춧가루를 넣고 고추기름을 만든 다음 무, 대파를 넣어 충분히 볶는다.
3. 2번의 냄비에 고사리, 표고버섯을 넣고 함께 볶다가 채수를 넣는다.
4. 고사리가 부드러워질 때까지 20분 정도 끓인 후 양념을 넣는다.
5. 고추를 넣고 불을 끄기 전 들기름을 한 방울 떨어뜨린다.

요리팁 ▸

고사리와 녹두를 배합하면 갱년기장애로 열이 확 달아오르는 증세에 도움을 줍니다. 또한 녹두, 숙주나물을 넣으면 열이 오르는 증상에 좋습니다.

무, 대파를 충분히 볶아주면 단맛이 천천히 우러나와 시원하고 감칠맛 나는 국물을 맛볼 수 있습니다.

활력이 필요할 때
시금치콩국

재료

무 150g, 시금치 150g, 메주콩 1/2C, 표고버섯 2개, 고추 1개, 들기름 1T+1t, 후추, 채수 6C

양념

한식간장 1T, 천일염 1/2T, 후추 약간

만드는 법

1. 콩을 깨끗이 씻어 물에 2~3시간 정도 불린 다음 채수를 1C을 넣고 곱게 간다.
2. 시금치는 깨끗이 씻은 후 먹기 좋은 크기로 썬다. 무는 나박나박 썬다. 고추는 꼭지를 떼고 송송 썬다. 표고는 기둥을 떼고 모양대로 썬다.
3. 냄비에 들기름 1T, 무, 표고버섯을 넣고 충분히 볶은 후 콩물, 채수를 부어 15분 정도 끓인다.
4. 3번의 냄비에 시금치를 넣고 10분 정도 더 끓인 후 고추, 양념을 넣고 조금 더 끓여 마무리한다.
5. 마지막에 들기름 1t을 넣어 마무리 한다.

식물약성

겨울은 외부활동이 줄어들어 몸을 움츠리기 쉬운 계절로 변비, 장 문제로 고생하기 쉽습니다. 이때 콩에 함유된 식이섬유는 뛰어난 정장 작용으로 인해 장운동을 활성화하며 장 기능을 개선하고 장 건강 증진에 도움을 주기 때문에 변비에 좋습니다. 특히 메주콩에 많이 들어있는 사포닌 성분은 체내의 신진대사를 촉진하여 혈중 나쁜 콜레스테롤을 체외로 배출하는 작용을 하므로 고혈압, 동맥경화, 당뇨 등과 같은 성인병을 예방하고 개선하는 데에도 도움을 줍니다. 또한 겨울철에 기온이 떨어지면 열 손실을 막기 위해 혈관이 수축하기 때문에 혈관질환이나 심장질환이 발생하기 쉬운데 이에 대비하는 섭생법으로 콩을 따뜻하게 끓여 만든 시금치 콩국이 제격입니다.

뼈 건강
시래기나물조림

재료

삶은 시래기 150g, 건표고버섯 3개, 고추 1개, 채수 2.5C

양념

고춧가루 2T, 들기름 2T, 된장 1.5T, 한식간장 1T, 고추장 1/2T

만드는 법

1. 시래기는 6cm 크기로 썬다. 고추는 어슷하게 썬다.
2. 건표고버섯은 물에 불려 부드럽게 한 뒤 모양대로 썬다.
3. 볼에 분량의 양념을 넣고 고루 섞어 시래기를 넣어 조물조물한다.
4. 냄비에 표고버섯, 시래기를 넣고 채수를 붓고 끓어오르면 불을 약불로 줄여 조린다.
5. 물이 약간 있게 조려지면 고추를 넣는다.

요리팁 ▸

들기름은 양적성질을 가지고 있어 시래기나물을 부드럽게 만들어주고 소화가 잘되도록 도움을 줍니다.

식물약성

무청을 겨우내 말린 **시래기**는 먹을 것이 흔치 않던 시절 혹독한 겨울을 버텨낼 필수 식량이었습니다. 시래기의 원료인 무청은 무뿌리보다 비타민 C, 식이섬유, 칼슘, 칼륨, 엽산 함량이 높으며 칼슘은 10배가량 더 많습니다. 암을 억제하는 성분도 무뿌리보다 무청에 많이 함유되어있어 암 환자에게 도움 되는 식재료입니다. 이런 무청의 좋은 영양분이 말리는 과정에 더욱 응축된 시래기는 추운 겨울을 버티기에 좋은 철분, 칼슘이 풍부해 빈혈, 뼈 건강, 골다공증 예방에 도움을 줍니다. 건조해진 시래기는 오래 푹 삶아 거친 줄기를 부드럽게 해 구수하게 먹는 것이 매력으로 겨울철의 맛과 영양을 모두 갖춘 최고의 식재료입니다.

면역력을 높이는
양파무조림

재료

무 230g, 양파 1개, 청고추 1개

고추기름

고춧가루 1.5T, 들기름 1T, 현미유 1/2T

양념

한식간장 1.5T, 조청 1T, 설탕 1/2T, 천일염 1/4t, 다시마물 1C

만드는 법

1. 무는 2cm 크기로 썬다. 양파는 채를 썬다. 고추는 꼭지를 떼고 송송 썬다.
2. 팬에 고추기름 재료를 넣고 무를 넣어 볶은 후 채수와 양념을 함께 넣고 조리듯 끓인다.
3. 마지막으로 양파, 고추를 넣고 자작하게 조린다.
4. 부족한 간은 소금으로 한다.

식물약성

무는 브로콜리, 콜리플라워, 청경채, 배추 등과 더불어 건강에 좋은 십자화과 채소입니다. 십자화과 채소의 항암효과는 글루코시놀레이트라는 성분에서 나오는데 무에는 이 성분이 풍부해 항염과 항암에 좋은 식재료입니다. 무의 윗부분은 초록색, 아랫부분은 흰색으로 나뉘어 있는데 아랫부분은 수분과 미네랄 성분이 많고 시원한 맛을 내기 때문에 국물용으로 많이 쓰이고 초록 부분은 단맛이 강해 생채나 샐러드용으로 주로 사용합니다. 계절별로도 무의 맛이 다른데요. 보통 가을무는 톡 쏘는 청량감과 단맛이 조화롭고 약이라고 할 정도로 무의 진정한 참맛을 느낄 수 있으며 겨울 무는 조직이 단단하고 당분이 많으며 동치미 용도로 활용하기 좋습니다. 다만 여름 무는 조직이 연해서 쉽게 물러져 아삭한 식감이 떨어지고 상대적으로 단맛도 덜하고 쓴맛이 강해 단맛을 추가해서 조리하는 것이 필요합니다.

겨울 보약
무말랭이꼬시래기볶음

재료

염장 꼬시래기 60g, 무말랭이 60g, 빻은 참깨 1T, 참기름 1/2T

양념

고춧가루 2T, 간장 2T, 설탕 2T, 식초 1T, 매실청 1T, 생강 1/2T

만드는 법

1. 염장 꼬시래기는 물에 20분 정도 담가 염분기를 뺀 후 흐르는 물에 여러 번 헹궈 체에 밭쳐 물기를 제거한다. 그런 다음 먹기 좋은 크기로 썬다.
2. 무말랭이는 찬물에 씻어 물기를 꼭 짠다.
3. 달군 팬에 기름을 살짝 두르고 약불에서 무말랭이를 넣고 충분히 볶은 후 양념을 넣고 조린다.
4. 마지막으로 참기름을 넣고 빻은 참깨를 뿌린다.

요리팁 ▸

요리 후 남은 자투리 채소는 말려서 볶음 요리나 채수로 활용하면 좋습니다.

채소약성

꼬들꼬들한 식감을 좋아하는 사람은 무말랭이꼬시래기볶음을 엄청나게 좋아할 것 같습니다. 무말랭이와 꼬시래기가 오도독 씹는 식감 좋은 식재료이기 때문이지요. 무와 꼬시래기 이외에도 당근, 비트 등을 말려서 함께 무쳐 먹어도 좋은 오래 두고 먹을 수 있는 밥도둑 밑반찬이 됩니다.
1급 발암물질로 지정된 미세먼지는 우리 몸에 들어오면 배출되지 않고 계속해서 쌓여 폐 질환은 물론 부정맥, 뇌경색 등 각종 질환이 발생하는데 꼬시래기와 무말랭이는 미세먼지로 쌓인 중금속을 배출해주는 효과가 있으므로 미세먼지가 많이 발생하는 계절에 자주 먹어주면 좋습니다.

겨울 변비
꼬시래기셀러리무침

재료

꼬시래기 100g, 셀러리 70g, 당근 60g

양념

한식간장 1.5T, 들기름 1.5T, 들깻가루 1T, 설탕 1/2T,
고춧가루 1t, 다진 생강 1t, 소금 1/3t

만드는 법

1. 꼬시래기는 물에 10분 정도 담근 후 흐르는 물에 2~3번 문질러 씻는다. 그런 다음 먹기 좋은 크기로 썬다.
2. 셀러리는 반원으로 작게 썬다.
3. 당근은 깨끗이 씻어 곱게 채를 친다.
4. 절구에 들깨를 빻는다.
5. 볼에 분량의 양념을 넣고 고루 섞은 후 꼬시래기, 셀러리, 당근을 넣고 가볍게 버무린다

요리팁 ▸

당근을 요리할 때 기름을 살짝 넣어 볶으면 몸에 흡수도 잘되고 당근 특유의 향을 싫어해 잘 못 먹는 경우에도 부담 없이 먹기 좋은 조리법이 됩니다.

식물약성

셀러리는 채소 중 유일하게 요산 수치를 낮추는 작용이 있으며 통풍의 증상에도 도움을 줍니다. 이뇨 성분, 항균 성분이 포함되어 있기 때문인데요. 그래서 방광염, 요로질환, 관절염 등의 증상개선에도 많이 활용됩니다. 통풍의 경우 물에 녹지 않는 요산을 물에 잘 녹게 변환시키는 유리카제라는 효소의 결핍 때문에 생기는 것으로 알려져 있습니다. 셀러리의 성분이 유리카제 효소의 분비를 촉진해 요산을 수용성으로 변환시켜 소변으로 쉽게 배출할 수 있도록 도와줍니다. 그 밖에도 셀러리 속의 항산화 성분은 독소를 분해하는 효능을 가지고 있어 몸의 염증이 자주 생기는 경우 디톡스 주스로도 자주 만들어 먹으면 도움이 됩니다.

청정한 장관리
해초비빔밥

재료

도토리묵 1/3모, 파프리카 1개, 사과 한 토막, 표고버섯 5개, 미나리 한 줌, 건 해초 약간, 빻은 들깨 약간, 밥 150g

초고추장 소스

고춧가루 1/2T, 한식고추장 1t, 한식간장 1t, 매실청 1t,
현미식초 1t, 들기름 1t, 들깻가루 약간

표고버섯 양념

생강즙 1/2T, 한식간장 2t, 설탕 2t

만드는 법

1. 도토리묵은 곱게 채를 썰고 묵을 체에 밭쳐 끓는 물을 붓는다.
2. 미나리는 깨끗이 씻어 물기를 제거한 후 먹기 좋은 크기로 썬다.
   파프리카, 사과를 같은 크기로 채를 썬다.
   표고버섯은 기둥을 떼고 모양대로 썬다.
3 달군 팬에 기름을 두르고 표고버섯을 볶다가 양념을 넣고 조금 더 볶는다.
4. 해초는 물에 10분 정도 담가 불리고 체에 밭쳐 물기를 제거한 후 먹기 좋은 크기로 썬다.
5. 볼에 분량의 초고추장 소스를 넣고 고루 섞어 소스를 만든다.
6. 밥에 해초, 도토리묵을 담고 표고버섯, 사과, 미나리, 파프리카를 가지런히 담고 초고추장 소스, 빻은 들깨를 뿌린다.

요리팁 ▸

건조 도토리묵으로 요리하면 더 쫄깃쫄깃한 식감을 맛볼 수 있으며 영양성분도 식이섬유가 10배, 타닌이 3배가 증가합니다.

마치는 말

채식약선에 관한 책을 만들면서 언제부터 음식에 관심을 가졌나 생각해보았습니다. 그렇게 기억을 쫓아가 보니 어린 시절은 '먹는 것'으로 채워져 있었습니다. 학교 끝나고 친구들과 늘 찾았던 분식집, 6학년 때 친구 민아네 놀러 갔을 때 맛보았던 친구 어머니의 홈메이드 떡볶이, 오빠와 다투고 나서도 오빠가 볶음밥이 먹고 싶다고 하면 금세 신이 나서 맛있게 만들려고 했었던 기억 등등. 부모님이 맞벌이하셔서 평소에는 냉장고에 미리 준비해 놓은 음식을 주로 먹었지만, 고등학교 때 친구 어머님이 차려 주셨던 온기 가득한 저녁상은 좋은 감정으로 남아 결혼에 대한 로망이 생겼었습니다. 그리고 결혼 후 환대하는 마음으로 남편과 아이를 위해 저녁 준비를 하면서 좀 더 맛있게 하고 싶은 마음에 요리를 배우게 되었습니다. 처음에는 맛집을 따라 하는 음식, 예쁘게 보이는 음식을 주로 했는데, 선재 스님의 사찰요리를 들으며 채식과 발효음식이 우리 몸과 마음에 긍정적인 작용을 해 병을 치료한다는 것을 배우게 되었습니다. 그리고 이도경 선생님의 강연을 들으면서부터 음식 치유에 대해 본격적으로 공부를 하게 되었습니다. 우리가 매일 어떤 음식을 먹는가? 어떤 마음을 먹는가? 하는 것은 매일 어떻게 살아가고 있는가와 연결된다는 가르침은 제게 큰 울림으로 다가왔습니다.

시작은 내 가족에서부터 출발했습니다. 육류 위주의 식사를 선호했던 가족들에게 처음부터 완전 채식을 강요하지는 않았습니다. 주인공이었던 고기반찬을 조연으로 보내고 채식 반찬을 주연으로 만들고, 가족들이 좋아하는 볶음이나 튀김 같은 조리법을 통해 채소에 서서히 적응하도록 했습니다. 당연히 처음에는 채식 위주의 음식을 싫어하고 거부했지만,

지금은 속도 편해지고 속이 편해지면서 마음이 안정되었다는 표현을 많이 합니다. 가족에서 출발해서 식물이 가진 에너지와 천연양념으로 만든 음식, 즉 좋은 식재료로 만든 음식은 몸과 마음으로 이동해 우리의 외면과 내면의 허기를 채워 건강한 삶으로 이끌어준다는 발견을 주변에도 알리고 싶어 '자연주부'라는 이름으로 블로그를 시작하게 되었습니다. 거의 매일 새로운 레시피를 통해 채식요리를 만들어 주변 사람들도 같이 변화되기를 기대하면서 말이지요. 그러다 채식 위주의 식단이 음식을 넘어 약이 될 수 있다는 원리, 즉 채식약선을 더 많은 사람과 공유하고 싶어 책도 만들게 되었습니다. '집밥을 맛있게 해 먹는다'를 기본에 두고 첨가물이 없고, 가공하지 않은 식재료, 발효된 양념을 통해 약이 되는 음식을 소개하고 싶었습니다. 이 음식들로 생명력 있는 한 끼를 통해 자신과 주변인들을 위한 건강한 삶을 만들어 나갔으면 하는 바람입니다.

이 책이 완성되기까지 통제력과 채워 나가는 방법에 대한 배움을 주신 이도경 선생님께 감사의 인사를 전하며, 마지막으로 따뜻한 관심과 열렬한 지지를 보내는 남편과 딸에게 감사하다는 말을 꼭 하고 싶습니다.